Furcifer pardalis

Das Pantherchamäleon

Rolf Müller
Nicolá Lutzmann
Ulrike Walbröl

123 Farbfotos
1 Karte

Terrarien  Bibliothek

Natur und Tier - Verlag

Inhaltsverzeichnis

Bildnachweis Umschlag
Titelbild: *Furcifer pardalis*, aus der Gegend von Antsiranana/Madagaskar Foto: Klaus Liebel
Kleines Bild: *Furcifer pardalis*, aus der Gegend nördlich von Fenerive/Madagaskar
Foto: Bill Love/Blue Chameleon Ventures
Hintergrund: *Furcifer pardalis* Foto: Matthias Schmidt

2. Auflage 2007

ISBN 978-3-931587-92-5

© Natur und Tier - Verlag GmbH
An der Kleimannbrücke 39/41
48157 Münster
Geschäftsführung: Matthias Schmidt
Lektorat: Heiko Werning & Kriton Kunz
Layout: Ludger Hogeback
Druck: Alföldi, Debrecen

Geleitwort

Erst kürzlich fand sich eine Leserzuschrift in der Zeitschrift REPTILIA, welche die Artmonographie über *Chamaeleo calyptratus* von Wolfgang Schmidt außerordentlich lobte (übrigens zu Recht) und bei der Redaktion anfragte, ob es derartige Monographien nicht auch für andere Chamäleonarten gäbe. Es gab sie – noch – nicht. Denn erst kurz danach erhielt ich das Manuskript des vorliegenden Büchleins zur Durchsicht. Ich konzentrierte mich dabei auf die allgemeinen Einführungskapitel, vor allem auf die über Evolution und Systematik. Aber Rolf Müller, Nicolá Lutzmann und Ulrike Walbröl haben nicht nur die einschlägige Literatur bestens im Griff, sondern besitzen darüber hinaus selbst gute eigene Haltungs- und Zuchterfahrungen, sodass ich ihnen speziell bei diesen Kapiteln wirklich nichts Geistreiches hätte raten oder empfehlen können.

Ich kam daher sehr gern der Bitte um einige geleitende Worte nach, denn gerade Chamäleons haben auch mich seit vielen Jahren fasziniert und seit 30 Jahren auch wissenschaftlich beschäftigt. Ein kompetentes Autorenteam hat also hier eine Artmonographie vorgelegt, die sich, als zweite derartige Bearbeitung einer einzelnen Chamäleonart im deutschsprachigen Schrifttum, dem madagassischen Pantherchamäleon (*Furcifer pardalis*) widmet. Dabei behandeln die einleitenden Kapitel teils allgemein die ganze Familie Chamaeleonidae (Evolution, Systematik, Körperbau), teils aber auch nur die Zielart *F. pardalis* (Verbreitung, Klima, Lebensraum, Geschlechtsdimorphismus, Jahreszyklus), die natürlich auch im Mittelpunkt der Haltungsbeschreibung steht. Aber auch hier gelten manche Stichworte und Parameter der Haltungsoptionen und der Krankheiten natürlich auch für andere Chamäleonarten.

Ich bin sicher, dass das vorliegende Buch an den Erfolg der ersten derartigen Artmonographie anknüpfen wird. War es da ein wüstenbewohnendes Chamäleon (*Ch. calyptratus*), das durch seine gute Halt- und Züchtbarkeit als „Einsteiger-Art" eine derartige Nachfrage schuf, so ist es hier eine tropisch-madagassische Art, deren Haltungs- und Nachzuchterfordernisse natürlich ganz anders sind, aber bei richtiger Handhabung ebenso gut gemeistert werden können. Zudem sind sie sicherlich auf eine Reihe verwandter, in ähnlichen Lebensräumen vorkommender Arten übertragbar. Dennoch wird auch das vorliegende Buch einen Nachfolger finden, z. B. für eine gängige, haltbare und bei Liebhabern verbreitete montane Chamäleonart. Es bleibt also den drei (2,1) Autoren und auch dem Verlag zu wünschen, dass ihre Arbeit einen großen Leserkreis erreicht, und dass sie darüber hinaus auch stimulierend auf das Sammeln und Publizieren neuer chamaeleonologischer Erfahrungen und Einsichten wirkt.

Bonn, im Januar 2004
Prof. Dr. Wolfgang Böhme

Furcifer pardalis von Ambodirafia (nördliche Ostküste, in der Nähe von Antalaha)
Foto: K. Liebel

Einleitung

Chamäleons eilten bei uns Jahrzehntelang Berichte über ihre „sagenhaften" Fähigkeiten voraus. Der Großteil der Bevölkerung aber hatte noch nie ein lebendes Tier zu Gesicht bekommen. Inzwischen jedoch kennt fast jeder diese exotischen Echsen oder hat sogar schon Vertreter dieser Reptilienfamilie mit eigenen Augen gesehen.

Zum einen lässt sich diese Entwicklung auf Berichte und populärwissenschaftliche Beiträge in verschiedenen Medien zurückführen, die ganz allgemein exotische Tiere einem breiteren Publikum zugänglich machten. In letzter Zeit besetzen Chamäleons sogar die eine oder andere Hauptrolle in Anzeigen und Werbespots. Zum anderen sind Chamäleons inzwischen aber auch in den Terrarien der Zoos und Hobbyzüchter häufiger anzutreffen. Neben vielen Erkenntnissen über ihre Ansprüche und Lebensweise trug auch die moderne Technik zur erfolgreichen Haltung und Zucht bei. Sicherlich hat die Attraktivität dieser Reptilien aber auch mit ihren besonderen Eigenheiten zu tun. Wirken bei der ersten Kontaktaufnahme schon die einzeln beweglichen Kuppelaugen und die akrobatische Verwendung der Zangenfüße und des Greifschwanzes faszinierend, löst das blitzschnelle Fangen einer Fliege mit der Schleuder-

Ein Pantherchamäleon in seinem natürlichen Habitat auf Nosy Boraha Foto: K. Liebel

zunge oft regelrechtes Entzücken aus. Nur die Fähigkeit des Farbwechsels bleibt in der Realität manchmal hinter den Erwartungen zurück. Aber auch wenn Schottenkaro, Hahnentritt und Streublümchen nicht zum Musterrepertoire der „kleinen Drachen" gehören, hinterlässt ein gelb, rot oder blau leuchtendes Exemplar, das plötzlich an der Stelle auftaucht, an der eben noch ein unscheinbar braun-grünliches Tier saß, einen nachhaltigen Eindruck.

Bei Terrarianern ist neben dem Jemenchamäleon (*Chamaeleo calyptratus*) sicher das Pantherchamäleon (*Furcifer pardalis*) der bekannteste Vertreter dieser Reptilien. Dies liegt – neben den im Vergleich zu anderen Chamäleonarten relativ leicht zu erfüllenden Haltungsansprüchen dieser Art – auch daran, dass *Furcifer pardalis* durch seine recht stattliche Größe und die leuchtenden Farben der Männchen schon „etwas hermacht". Die oft kaum vorhandene Scheu vor dem Menschen begünstigte zusätzlich die Verbreitung in unseren Terrarien. Auch heute noch lässt sich das Pantherchamäleon aus mehreren Gründen als Einsteigertier in die Chamäleonhaltung bezeichnen. Die klimatischen Bedingungen lassen sich mit gebräuchlichen Hilfsmitteln leicht schaffen, das Anpassungsvermögen dieses Kulturfolgers ist für ein entspanntes Miteinander ausgesprochen hilfreich. Die Größe und Robustheit der Tiere ermöglichen im Fall der Fälle auch eine Behandlung durch den Veterinär, und nicht zuletzt sind sie, wenn auch nicht ganz ohne Mühe, nahezu ganzjährig als Nachzuchten erhältlich. Aus eigener Erfahrung wissen wir, dass es sehr frustrierend sein kann, sich als Einsteiger aus einem reich bebilderten Artverzeichnis ein südafrikanisches Zwergchamäleon oder ein herrlich buntes Helmchamäleon auszusuchen, um dann feststellen zu müssen, dass diese entweder nicht erhältlich oder nur mit einem für den Anfänger meist nicht zu vertretenden Aufwand haltbar sind. Dennoch soll hier nicht verschwiegen werden, dass auch die Haltung von *Furcifer pardalis* einen hohen Einsatz erfordert, sowohl finanziell als auch zeitlich, und zu Einschränkungen

im Familien- und Freizeitbereich führen kann. So sehr sich der Stromlieferant über höhere Rechnungsbeträge freut, so wenig Bereitschaft bringt mancher Lebenspartner dafür auf, seine Urlaubsplanung den neuen Mitbewohnern unterzuordnen. Daher ist die Einschätzung als recht problemlos auch nur im Vergleich mit anderen Chamäleonarten zu verstehen. Eine gewisse Erfahrung in der Terraristik wird sich in den meisten Fällen durchaus positiv auf die Haltungsbemühungen auswirken, ist aber unseres Erachtens nicht zwangsläufig erforderlich. Entscheidender scheinen uns ein ausgeprägtes Verantwortungsgefühl, Gewissenhaftigkeit und die Bereitschaft, Informationen über seine Tiere nach kritischer Überprüfung zum Wohle seiner Pfleglinge umzusetzen.

Da wir unsere immer noch anhaltende Begeisterung für die Familie der Chamäleons zu einem großen Teil auf den glücklichen Umstand zurückführen, mit dem Pantherchamäleon begonnen zu haben, und uns damit wohl doch der eine oder andere fast zwangsläufige Misserfolg bei anspruchsvolleren Arten anfangs erspart blieb, möchten wir *Furcifer pardalis* nun ein eigenes Buch widmen, um diese hoch interessante und gut für den Einstieg in die Chamäleonpflege geeignete Art auch anderen Terrarianern näherzubringen. Es soll ohne Anspruch auf Vollständigkeit in einem weiten Rahmen auf Probleme und Fragen eingehen, mit denen sich die Pfleger dieser Art häufig konfrontiert sehen, und so dem interessierten Einsteiger eine Hilfe an die Hand geben, seine Pfleglinge tiergerecht unterzubringen, gesund zu erhalten und wenn möglich erfolgreich nachzuzüchten. Wenn dieses Buch darüber hinaus auch dem etablierten Chamäleonpfleger neue Aspekte vermitteln kann und der „alte Hase" die eine oder andere Anregung gewinnt, freut es uns umso mehr!

Rolf Müller,
Nicolá Lutzmann
& Ulrike Walbröl,
Januar 2004

Evolution

Das älteste Fossil eines Chamäleons stammt aus Böhmen und ist etwa 26 Mio. Jahre alt (MOODY & ROCEK 1980 zit. in NECAS 1999). Zusätzliche Funde aus Bayern (Sandelhausen und ein Fundort in der Nähe von Passau [SCHLEICH 1983, 1984 zit. in NECAS 1999]) sowie aus China (HOU 1976 zit. in NECAS 1999) zeigen, dass Chamäleons einst ein wesentlich größeres Verbreitungsgebiet besaßen. Heute beschränkt sich ihr natürliches Vorkommen auf Afrika, Madagaskar, den Nahen Osten, den Indischen Subkontinent (einschließlich Sri Lanka), Teile Südeuropas und diesen Gebieten vorgelagerte Inseln. Das Alter der Chamäleons

Veränderungen der Vegetation haben Einfluss auf die Artenbildung.
Foto: B. Love/Blue Chameleon Ventures

als Gruppe wird aufgrund von chemosystematischen Untersuchungen auf mindestens 60 Mio. Jahre geschätzt (HOFMAN et al. 1991). KLAVER & BÖHME (1986) weisen auf eine lange selbstständige Entwicklung der madagassischen Formen hin und vermuten sogar, basierend auf ihren Untersuchungen zur Hemipenis- und Lungenmorphologie, dass die Gruppe der Chamäleons vor der Abtrennung Madagaskars von Afrika entstanden sei. Diese begann aber schon vor ca. 165 Mio. Jahren (RABINOWITZ et al. 1983)! Laut NECAS (1999, 2000) stammt diese alte Echsengruppe aus Ostafrika, während RAXWORTHY et al. (2002) aufgrund ihrer Untersuchung morphologischer, ethologischer und mitochondrieller DNS-Merkmale an 52 Chamäleon-Taxa (rund 40 % aller Arten) zu dem Schluss kommen, dass sich die Chamäleons in Madagaskar entwickelt haben und von dort verdriftet wurden. Die direkten Phylogramme (Aufzeichnungen der Entwicklungslinien) stimmen bei letztgenannter Arbeit aber teilweise bis zur Artengruppe mit KLAVER & BÖHME überein. Aufgrund von langfristigen klimatischen Schwankungen und den damit verbundenen Änderungen in der Vegetation hat sich auf Art- und Unterartebene eine überaus starke Speziation (Bildung von Arten bzw. Unterarten) ergeben. Gerade bei vielen Arten in Westafrika und Ostafrika kann man das sehr gut nachvollziehen (z. B. BÖHME & KLAVER 1981; EASON et al. 1988). Auf Madagaskar wurde bei der Art *Calumma gastrotaenia* ebenfalls eine starke Speziation festgestellt (BÖHME 1997). Auch bei anderen Arten (bzw. -gruppen) wird Ähnliches vermutet (VENCES & GLAW 1996 [*Calumma brevicornis*], LUTZMANN in Vorb. [*C. nasuta*]).

Systematik

Wir können nur schützen, was wir kennen. Foto: B. Love/Blue Chameleon Ventures

Die uns umgebende Welt weist eine Vielfalt auf, die unsere Neugier und unser Interesse stets aufs Neue herausfordert. Dies gilt auch und ganz besonders für die unüberschaubare Fülle der belebten Natur. Um sie zu verstehen, müssen wir sie ordnen und benennen. Erkenntnisse und Verständigung hierüber wären sonst nur schwer zu leisten. In der Biologie versucht man eine „Ordnung" zu schaffen, indem so genannte monophyletische Gruppen gebildet werden. Das bedeutet, dass alle diesen Gruppen zugeordneten Elemente sich phylogenetisch (entwicklungsgeschichtlich) auf eine einzige Stammform zurückführen lassen und gemeinsame, verbindende Charakteristika aufweisen,

die sie von anderen Gruppen unterscheiden. Durch die Beschreibung von zusätzlichen Eigenschaften entstehen immer differenziertere Ordnungskategorien, dem groben Sortieren folgt eine immer genauere Einteilung. Das Reich der Tiere wird in die Unterreiche „Einzeller" und „Mehrzeller" unterteilt. Die Mehrzeller umfassen einer gängigen systematischen Auffassung zufolge 24 Stämme, darunter beispielsweise die Gliederfüßer und die Chordatiere, letztere mit dem Unterstamm der Wirbeltiere. Dieser wiederum lässt sich in Klassen (z. B. Amphibien, Reptilien) aufspalten, die Klassen werden in Ordnungen unterteilt (z. B. Schildkröten, Schuppenkriechtiere), die Ordnungen in

Familien (z. B. Geckos, Chamäleons), die Familien in Gattungen (z. B. *Furcifer*) und die Gattungen in Arten (z. B. das Pantherchamäleon, *Furcifer pardalis*). Die Benennung der Arten erfolgt nach den Regeln der binären Nomenklatur. Als Beginn dieser wissenschaftlichen Namensgebung wurde das Erscheinungsjahr der 10. Auflage (1758) von LINNAEUS´ „Systema naturae" festgelegt. Seitdem wird jede Art mit einem zweiteiligen Namen bezeichnet, dessen erster Bestandteil die Gattung, der zweite die Art benennt. Beispielsweise fasst *Furcifer* die Gattung der „Gabeltragenden" (aus dem Lateinischen, von „furca" = die Gabel und „ferre" = tragen) zusammen, obwohl nicht alle Vertreter dieser Gattung gegabelte Nasenfortsätze aufweisen. *Pardalis* beschreibt die „pantherähnliche" Zeichnung (aus dem Lateinischen, „pardalis" = pantherähnlich). Die Definition einer Art als „freiwillige Fortpflanzungsgemeinschaft" wird hierbei – neben weiteren Konzepten – auch heute noch weitgehend anerkannt. „Freiwillig" bedeutet „in freier Natur", d. h., dass auch Arten, die sich in Menschenobhut vermischen, weiterhin als eigene Arten zu gelten haben, solange diese Kreuzung in der Natur nicht erfolgt. Mitt-lerweile wurde der binäre Name durch die Benennung von Unterarten zum Trinomen erweitert (z. B. bei den Unterarten *Furcifer verrucosus verrucosus* und *Furcifer verrucosus semicristatus*).

Besondere Bedeutung hat die Einordnung und Benennung heutzutage auch für den Natur- und Artenschutz. Die Entscheidung, ob ein bestimmtes Gebiet unter Schutz gestellt wird, richtet sich heute oft nach der Individuenzahl der Populationen bedrohter Arten. Änderungen in der systematischen Einordnung können unmittelbaren Einfluss auf die Bewertung des Gefährdungsstatus eines Taxons haben. So kann die Synonymisierung zweier vorher als unterschiedlich beschriebener Arten oder Unterarten die bekannte Populationsgröße der „übrig gebliebenen" Art auf einen Schlag erhöhen. Ebenso kann aber die Aufspaltung einer Art in verschiedene Subspezies zu einer Einschätzung einzelner Taxa als „selten" führen. Ein Beispiel hierfür ist der Berggorilla (*Gorilla beringei*), der erst vor wenigen Jahren in zwei Unterarten aufgespalten wurde, d. h. die ohnehin schon wenigen Inidividuen verteilen sich also in Wirklichkeit auch noch auf zwei Taxa (nämlich diese beiden Unterarten), deren Populationsgröße damit bereits als dramatisch klein eingestuft werden muss (SARMIENTO et al. 1996). Zusätzliches Kriterium für die Schutzwürdigkeit eines Gebietes ist die Anzahl der hier vorkommenden Arten oder Unterarten. Auch die Erforschung dieser Biodiversität wäre ohne eine systematische Ordnung nicht möglich. Ihre Bedeutung lässt sich mit Hilfe eines Bildes darstellen: Man kann sich die Arten als Ziegelsteine in einer Mauer vorstellen, darunter auch den Stein „Mensch". Jeder dieser Steine stützt sich auf andere und gibt seinerseits

Besondere Bedeutung hat die Systematik auch für den Biotopschutz.
Foto: B. Love/Blue Chameleon Ventures

anderen Steinen Halt. Die Anzahl dieser „Steine", also der Arten, wird auf 10–30 Mio. geschätzt, von denen wir aber erst ca. 1,7 Mio. kennen. Im Moment zerstören wir täglich 1–500 (je nach angenommener Gesamtartenzahl und Berechnung) dieser „Ziegelsteine", darunter auch viele, deren Funktion noch gar nicht geklärt ist. Irgendwann werden mehr oder weniger große Teile der Mauer einstürzen. Es ist also dringend nötig, so viele Steine wie möglich und ihre Bedeutung in der Mauer zu finden, zu beschreiben und zu erforschen.

Die Systematik der Chamäleons

Die Familie der Chamäleons (Chamaeleonidae) wird innerhalb der Ordnung der Eigentlichen Schuppenkriechtiere (Squamata) in die Unterordnung der Echsen (Sauria) und in die Zwischenordnung der Leguanartigen (Iguania) gestellt. Ihnen am nächsten stehen die Agamen, die

Lange Zeit wurden Chamäleons nur nach morphologischen Merkmalen geordnet.
Foto: B. Love/Blue Chameleon Ventures

eine eigene Familie (Agamidae) bilden. Beide Familien weisen als gemeinsames Merkmal ein akrodontes Gebiss auf. Das bedeutet, dass ihre Zähne nicht seitlich am Kiefer befestigt sind, sondern als Zahnleiste auf diesem aufliegen. Dieses Merkmal unterscheidet sie von fast allen anderen rezenten (heute lebenden) Echsen (bis auf die Brückenechsen und einige Doppelschleichen).

Innerhalb ihrer Familie wurden Chamäleons lange nur durch morphologische Merkmale geordnet (z. B. WERNER 1902, 1911; HILLENIUS 1959, 1963). Dies hatte zur Folge, dass viele Arten aus verschiedenen Regionen des gesamten Verbreitungsgebietes in gemeinsame Gruppen gestellt wurden, z. B. die heutigen *Bradypodion fischeri* (Fischers Chamäleon) und *Furcifer bifidus,* oder *Bradypodion tenue* und *Calumma nasuta.* Erst als man anatomische Merkmale untersuchte, erhielt man Ergebnisse, die auch die Verbreitung der Gruppen widerspiegelten. KLAVER (1973, 1977, 1981) verglich die Lungenmorphologie und äußerte Zweifel an der vorherigen Einordnung der Arten. Zusätzlich veröffentlichten 1986 KLAVER & BÖHME die Ergebnisse ihrer Untersuchungen zur Morphologie der Hemipenes von 89 Chamäleonarten. Ergänzend flossen Ergebnisse osteologischer (die Knochen betreffender) und karyologischer (die Chromosomen betreffender) Untersuchungen ein (die Vertreter der Gattung *Furcifer* weisen z. B. eine höhere Chromosomenzahl als die der Gattung *Calumma* auf). Seitdem werden die Chamaeleonidae in zwei Unterfamilien eingeteilt, die Brookesiinae (Stummelschwanzchamäleons) und die Chamaeleoninae (Echte Chamäleons). Die Brookesiinae werden des Weiteren in die afrikanische Gattung *Rhampholeon* und in die madagassische Gattung *Brookesia* aufgeteilt. Die Chamaeleoninae umfassen die afrikanischen Gattungen *Bradypodion* und *Chamaeleo* (mit den Untergattungen *Chamaeleo* und *Trioceros*) sowie die madagassischen Gattungen *Calumma* und *Furcifer*. Obwohl die Monophylie (also das Zurückgehen auf eine gemeinsame Stammform) noch nicht eindeutig geklärt ist, sind zumindest die Unterfamilien vorerst als formale Taxa zu betrachten (NECAS 1999; NECAS & MODRY 2000). Es könnte sein, dass hier nach weiteren Untersuchungen Änderungen notwendig werden (BÖHME, mündl. Mittlg.). Das beschriebene Gattungskonzept hat sich jedoch durchgesetzt und wurde schnell in der europäischen Literatur akzeptiert. In den USA und in Teilen Afrikas kann man allerdings noch heute stellenweise die alte Einteilung und Benennung antreffen (z. B. *Chamaeleo pardalis*).

Die Einordnung von *Furcifer pardalis*

1829 beschrieb CUVIER das Pantherchamäleon anhand eines Exemplars von der Insel Mauritius (Ile de France) als *Chamaeleo pardalis*. LESSON beschrieb 1832 ein *Chamaeleo ater* aus Madagaskar, das aber später von DUMERIL &

BIBRON (1836) mit *Ch. pardalis* synonymisiert wurde. Dabei bezeichneten sie aber *Ch. ater* als *Ch. niger*, sodass auch letzterer Name zu einem Synonym von *Ch. pardalis* wurde. 1888 wurde *Ch. guentheri* von BOULENGER beschrieben. Die Terra typica war die kleine Insel Nosy Bé im Nordwesten Madagaskars. Dieses Chamäleon wurde jedoch 1969 von BRYGOO als identisch mit *Ch. pardalis* erkannt. 1891 wurde dann von GÜNTHER ein *Chamaeleon longicauda* aus dem Nordwesten Madagaskars beschrieben, das von MOCQUARD 1909 zu *Chamaeleon par-*

Die madagassischen Echten Chamäleons werden in die Gattungen *Calumma* und *Furcifer* eingeteilt, hier *C. parsonii*...

dalis gestellt wurde. 1899 folgte WERNER mit einem *Chamaeleon axillaris*. WERNER selbst erkannte die Gleichheit mit *Chamaeleon pardalis* in seinem wichtigen Werk von 1902. In seiner Tierreichliste von 1911 übersah er jedoch die Synonymisierung von *Chamaeleon longicauda*, sodass dieser Name nochmals in der Literatur auftaucht. 12 Jahre später beschreibt CHABANAUD (1923a) ein *Chamaeleon krempfi*, das er aber im selben Jahr noch als Synonym zu *Chamaeleon pardalis* erkennt, da seine Fundortangaben (Indochine, une des petites îles du golfe du Siam, peut-être Poulo Condor) nicht stimmen konnte (CHABANAUD 1923b).

Artname	Autor	Nomenklatorische Entwicklung
Chamaeleo pardalis	CUVIER, 1829	
Chamaeleo ater	LESSON, 1832	DUMERIL & BIBRON (1836): syn. zu *Ch. pardalis*
Chamaeleo niger	DUMERIL & BIBRON, 1836	Irrtümlich für *Ch. ater*
Chamaeleo guentheri	BOULENGER, 1888	BRYGOO (1969): syn. zu *Ch. pardalis*
Chamaeleon longicauda	GÜNTHER, 1891	MOCQUARD (1909): syn. zu *Chamaeleon pardalis;* WERNER (1911): Artrang; MERTENS (1966): syn. zu *Ch. pardalis*
Chamaeleon axillaris	WERNER, 1899	WERNER (1902): syn. zu *Chamaeleon pardalis*
Chamaeleon krempfi	CHABANAUD, 1923a	CHABANAUD (1923b): syn. zu *Chamaeleon pardalis*

...und *F. pardalis*
Fotos: B. Love/Blue Chameleon Ventures

dass nur spekuliert werden kann, ob es sich um eine unbekannte, nicht wieder gefundene Art bzw. Unterart (vgl. BRYGOO 1971), ein Exemplar der ähnlichen Art *Furcifer angeli*, ein ungewöhnliches Individuum des Pantherchamäleons oder das Ergebnis einer Kreuzung handelte. Des Weiteren könnten wissenschaftliche Untersuchungen (z. B. DNS-Analysen) der unterschiedlichen Populationen zu einer weiteren Aufspaltung der Art führen. Der momentan anerkannte formale taxonomische Status ist jedoch dieser:

1986 stellen KLAVER & BÖHME *Chamaeleo pardalis* in die Gattung *Furcifer*. Seitdem wird das Pantherchamäleon mit *Furcifer pardalis* bezeichnet. Dennoch könnten neue Erkenntnisse und Funde in Zukunft zu Änderungen in der systematischen Einordnung führen. Interessant ist z. B. ein Foto von BADE, das erstmals in einem Haltungsbericht von O. TOFOHR (1908b) und später auch bei KLINGELHÖFFER (1931) mit der Bezeichnung *Chamaeleon longicauda* abgedruckt wurde. Dieses Tier weist einen deutlich längeren Schnauzenfortsatz auf, als für *Furcifer pardalis* üblich. Leider werden keine genaueren Angaben zur Herkunft des Tieres gemacht, so

Reich:	Animalia (Tiere)
Stamm:	Chordata (Chordatiere)
Unterstamm:	Vertebrata (Wirbeltiere)
Klasse:	Reptilia (Kriechtiere)
Ordnung:	Squamata (Eigentliche Schuppenkriechtiere)
Unterordnung:	Sauria (Echsen)
Zwischenordnung:	Iguania (Leguanartige)
Familie:	Chamaeleonidae (Chamäleons)
Unterfamilie:	Chamaeleoninae (Echte Chamäleons)
Gattung:	*Furcifer*
Art:	*pardalis*

Verbreitung und Klima

Eine Verdriftung könnte zur Besiedelung von Inseln beigetragen haben.
Foto: N. Lutzmann

Verbreitung

Auf Madagaskar lebt das Pantherchamäleon entlang einer ca. 2.000 km langen Küstenlinie, die von Ankarafantsika an der Nordwestküste über Antsiranana (Diego Suarez) im Norden bis nach Tamatave (Toamasina), auf halber Höhe der Ostküste, reicht (NECAS 1999; RIMMELE 1999). Außerdem kommt es auf den größeren Inseln Nosy Bé, Nosy Mangabe und Nosy Boraha vor. Um Nosy Bé ist es auch auf einigen kleineren Inseln nachgewiesen (z. B. MARTIN 1992; ANDREONE et al. 2003). Diese sind Nosy Faly (ca. 15 km östlich von Nosy Bé), Nosy Mitsio (ca. 40 km nordöstlich), Nosy Sakatia (ca. 1 km nordwestlich) und Nosy Tanikely (ca. 10 km südlich). GLAW & VENCES (1994) berichten von einem Vorkommen auf Nosy Komba, RISLEY (1997) konnte dort im November 1996 ein einzelnes Männchen beobachten, ANDREONE et al. (2003) dagegen konnte die Art dort während mehrjähriger Untersuchungen nicht nachweisen. Nicht gefunden wurde Furcifer pardalis bisher auf den kleineren Inseln Nosy Ambariobe (ca. 4 km südöstlich von Nosy Bé in der Nähe von Nosy Komba), Nosy Fanihy (ca. 2,5 km nördlich von Nosy Bé) und Nosy Mamoko (ca. 1 km von der Halbinsel Ampasindava entfernt). Die am weitesten landeinwärts gelegenen Fundorte dürften die nördlichen Gebirge Tsaratanana (ca. 50–60 km östlich von Ambanja), Marojejy (ca. 40–50 km südwestlich von Sambava) und Anjanaharibe (ca. 90 km nordwestlich von Antalaha) sowie die Gegend um Andapa und das Naturschutzgebiet Ankarafantsika sein. In den Gebirgen dringt das Pantherchamäleon bis auf Höhen von 950 m vor (ANDREONE et al. 2000; RAXWORTHY et al. 1998; MATTIOLI mdl. Mittlg.). BARTLETT & BARTLETT (1995) sowie FERGUSON et al. (1995) erwähnen sogar Höhen von bis zu ca. 1.220 m ü. NN. Die Fundorte bei Mandraka, Morondava und Tolanaro (HILLENIUS 1959) konnten nicht bestätigt werden (BRYGOO 1971; RIMMELE 1999). Mandraka liegt 65 km östlich von Antananarivo am Rande der Hochebene. Die Vegetation besteht hier neben Kulturflächen und Sekundärwald auch aus Resten des ursprünglichen Regenwaldes (LIECKFELD 2002). Morondava liegt an einem Fluss, allerdings an der eher trockenen Westküste. Tolanaro liegt an der Südostspitze der Insel, fällt zwar aus dem heute bekannten geographischen Verbreitungsmuster dieser Art weist aber grundsätzlich für das Überleben von Furcifer pardalis geeignete Klimabedingungen auf (Jahresmittel 1.678 mm Niederschlag, 23,1 °C).

Der zwischenzeitlich angezweifelte Fundort Mauritius (die Terra typica von Furcifer pardalis) konnte inzwischen von KREMER (schriftl.

Mittlg.) bestätigt werden. Hierbei könnte es sich aber auch um mittlerweile von Menschen eingeschleppte Tiere handeln. Die Population auf La Réunion soll vor 1836 vom Menschen eingeführt worden sein (BOURGAT 1972); dies könnte auf eine direkte Mitnahme von Exemplaren als „Schiffsclowns" zurückzuführen sein oder auf Eier, die sich in als Ballast benutztem Sand befunden haben könnten. RAXWORTHY et al. (2002) halten auch eine Verdriftung für möglich. In den letzten Jahren wurde das Pantherchamäleon auf Réunion auch südlich seiner bisherigen Fundorte gesichtet (K. SCHMIDT & GLAW, mündl. Mittlg.). Inzwischen hat es sich auf der gesamten Insel ausgebreitet (GRIMM, mündl. Mittlg.). NECAS (1999) weist außerdem auf einige im US-Bundesstaat Kalifornien gefundene Exemplare hin, die seiner Meinung nach eine anthropogene Population bilden könnten.

Änderungen des Verbreitungsgebietes sind oft durch den Menschen verursacht. Foto: N. Lutzmann

Klima

Das Klima im Verbreitungsgebiet von *Furcifer pardalis* wird wesentlich von geographischer Lage und Geomorphologie beeinflusst. Sowohl Madagaskar als auch die Maskareneninseln Réunion und Mauritius liegen zwischen dem 12. und dem 26. Grad südlicher Breite und somit größtenteils, die nachgewiesenen Vorkommen des Pantherchamäleons sogar vollständig in den Tropen. Der Südost-Passat stellt in dieser Region des Indischen Ozeans den wetterbestimmenden Faktor dar. Parallel zur Ostküste Madagaskars verlaufende, steil ansteigende Berghänge bewirken das Abregnen dieses feuchtigkeitsgesättigten Luftstroms. Die dadurch Richtung Osten strömenden Wassermassen brechen als Flüsse durch eine den Hängen vorgelagerte, bis zu 800 m hohe Stufe, um danach in der bis zu 50 km breiten Küstenebene Bassins, Seen und Sümpfe zu bilden, bevor sie in den Indischen Ozean münden (STADELMANN 2002). Im Norden zieht sich dieser Küstenstreifen um die Spitze Madagaskars herum (GLAW & VENCES 1994; LIEBEL & SCHMIDT 2000). Da der Zwischenmonsun im Südwinter den Norden nicht mehr erreicht, nehmen dabei sowohl die Niederschlagsmenge als auch die Anzahl der Niederschlagstage von Süd nach Nord ab. So fallen in Tamatave bei durchschnittlich 21 Regentagen im Monatsmittel über das Jahr mehr als 3.000 mm Niederschlag, während Diego Suarez jährlich nur 1.200 mm Niederschlag bei 14 Regentagen im Monat erreicht. Auch die saisonalen Schwankungen sind im Südosten wesentlich geringer als im Norden. In Tamatave regnet es im trockensten Monat September immerhin noch an 15–17 Tagen, was eine Niederschlagsmenge von 123 mm ergibt, in Diego Suarez nur an 7–8 Tagen, die einen Monatsschnitt von 9 mm erbringen. Aus diesem Nord-Süd-Schema fallen allerdings die Region um Maroansetra und die Insel St. Marie mit Jahresniederschlagsmengen von ca. 3.600 mm sowie die Masoala-Halbinsel mit ganzjährig über 20 Regentagen im Monat etwas heraus.

Dies lässt sich zum einen durch die sehr nah an die Küste heranreichenden Gebirge, zum anderen durch das Hereinragen in die nach Norden umgelenkten, gesättigten Luftmassen erklären. An der ansonsten eher trockenen Westküste stellen die Sambirano-Zone im Nordwesten und die ihr vorgelagerten Inseln (die größte ist Nosy Bé) eine Ausnahme dar. Die nördlich des Tsaratanana-Massivs nordwestlich ziehenden Ausläufer des Sommermonsuns und heftige Gewitter, die aus dem Kanal von Mosambik herüberziehen, bescheren dieser Region jährliche Niederschlagsmengen bis über 2.000 mm (MÜLLER 1996; LIEBEL & SCHMIDT 2000; STADELMANN 2002). Dennoch herrscht hier für 4–6 Monate eine relative Trockenheit, in der auch einmal für mehrere Wochen der Regen ausbleiben kann (RIMMELE 1999). Ähnliche saisonale Schwankungen weisen die Maskarenen-Inseln Mauritius und Réunion auf, allerdings bei deutlich niedrigeren Gesamtniederschlagsmengen von etwa 1.800 mm beziehungsweise 1.650 mm. In Plaisance (Mauritius) beträgt die monatliche Regenmenge von August bis November deutlich unter 100 mm, im September nur 61 mm. Der Spitzenwert liegt dort im Januar bei ca. 250 mm. In St. Denis (Réunion) werden im Januar Werte über 300 mm erreicht, im Südwinter fallen sie unter 100 mm, im Oktober auf das Minimum von 40 mm.

Im gesamten Verbreitungsgebiet liegen die mittleren Jahrestemperaturen zwischen 23,5 °C und 25,5 °C. Die mittleren Tiefstwerte betragen 16–22 °C, die mittleren Höchstwerte 22–30 °C. Generell nehmen die Temperaturen dabei in Richtung Nordwest zu, während ihre jahreszeitliche Schwankung in gleicher Richtung abnimmt. Tamatave weist z. B. einen Jahresschnitt von 23,5 °C mit den monatlichen Mittelwerten von 20,5 °C (Juli) und 26,1 °C (Januar) auf, in Diego Suarez sinken die Temperaturen im August auf einen Mittelwert von 23,5 °C und steigen im Dezember durchschnittlich auf 26,6 °C, sodass der Jahresschnitt bei 25,3 °C liegt.

Zusammenfassend kann das Klima im Verbreitungsgebiet von *Furcifer pardalis* als warm-humides Tropenklima beschrieben werden. Zu beachten ist dabei allerdings, dass die saisonalen Schwankungen der Niederschlagsmengen zunehmen, je weiter nördlich die Population angesiedelt ist (mit Ausnahme der Masoala-Halbinsel und St. Marie), während die jahreszeitlichen Unterschiede der Temperaturwerte im Süden größer ausfallen. Grundsätzlich ist aber das gesamte Verbreitungsgebiet durch einen trockeneren, kühleren Südwinter (je nach Region von Mai/Juni bis November/Dezember) und einen feuchteren, wärmeren Südsommer (von Dezember/Januar bis April/Mai) gekennzeichnet.

Vergleicht man bekannte Fundorte des Pantherchamäleons mit Niederschlagstabellen, ergeben sich auffällige Korrelationen. Hierbei scheint aber weniger die Gesamtmenge ausschlaggebend zu sein als vielmehr die gleichmäßige Verteilung über das Jahr. Die Anzahl der Fundorte steigt mit der Anzahl der auch in den trockeneren Monaten messba-

Mikroklimate werden auch durch die unmittelbare Umgebung beeinflusst
Foto: K. Schmidt

Das Klima wird wesentlich vom Indischen Ozean und dem Südostpassat beeinflusst.
Foto: B. Love/Blue Chameleon Ventures

ren Regentage. An der Westküste Madagaskars ist die Jahresniederschlagsmenge z. B. stellenweise durchaus mit derjenigen an der Nordspitze vergleichbar (Maintirano: 1..050 mm; Diego Suarez: 1.200 mm) – die Zeit, in der kein Trinkwasser zur Verfügung steht, ist jedoch ungleich länger (in Maintirano werden von April bis Oktober durchschnittlich weniger als fünf Regentage im Monat registriert, in Diego Suarez „nur" von Juni bis September unter zehn Regentage). Einen großen Einfluss dürften auch die Bewässerung von Plantagen, Parks und Gärten, Gewässernähe und ähnliche Standortfaktoren besitzen. So könnte sich die mögliche Population in Kalifornien (NECAS 1999) bei den dortigen Klimaparametern (Jahresniederschlagsmenge 258 mm [San Diego] bis 796 mm [Eureka]; Jahresdurchschnittstemperatur ca. 18 °C [San Diego] bis ca. 12 °C [Eureka]) wohl nur auf Kulturflächen halten. Auch der Zustand und die Menge der von RIMMELE (1999) auf Nosy Bé nach zwei Wochen Trockenheit gefundenen Tiere sowie der schnelle Ver-

fall unzureichend mit Wasser versorgter Exemplare beim Export oder bei falscher Haltung lassen eventuell den Schluss zu, dass neben einem relativ weiten Temperaturfenster das erreichbare Trinkwasser als limitierender Faktor für die Verbreitung von *Furcifer pardalis* angesehen werden kann.

Anmerkung: Damit man eine Vorstellung von den aufgeführten Niederschlagsmengen bekommt, möchten wir die im gleichen Zeitraum ermittelten Jahresdurchschnitte für einige deutsche Städte angeben. Diese verteilen sich jedoch sehr gleichmäßig auf das Kalenderjahr: München: 1.009 mm; Frankfurt/M.; 675 mm; Düsseldorf: 759 mm; Dresden: 668 mm; Hamburg: 768 mm.

Als Quelle für alle nicht gesondert ausgewiesenen Werte diente uns die Internetseite:
MÜHR, B.: Klimmadiagramme weltweit, www. klimadiagramme.de, Stand vom 29.06.2003. Die Durchschnittswerte wurden erhoben im Zeitraum 1961–1990.

Lebensraum

„Das Pantherchamäleon ist ein Bewohner der Regenwaldgebiete und bevorzugt dort die Kronen hoher Bäume". Dieses Zitat stammt aus der zweiten Auflage der „Terrarienkunde" von KLINGELHÖFFER (1957), scheint aber Erfahrungen von Madagaskarreisenden sowie vielen Biotopbeschreibungen in der neueren Literatur zu widersprechen. Dort wird oft das Küstengebiet im Osten, Norden und Nordwesten mit seinen Kulturflächen und niedrigen Sekundärwäldern als ausschließlicher Lebensraum angegeben (GLAW & VENCES 1994; NECAS 1999), teilweise werden dichte Wälder ausdrücklich ausgeschlossen (HENKEL & HEINECKE 1993; SCHMIDT et al. 1996). Gleichzeitig gibt es aber Nachweise rezenter Vorkommen in Regenwäldern (ANDREONE et al. 2000; GLAW & VENCES 1994; RAMANANTSOA 1974; RAXWORTHY 1988, 1990; RAXWORTHY et al. 1998; RIMMELE 1999; eigene Beobachtungen). Bei SCHMIDT & HENKEL (1989), KIESELBACH et al. (2001) und in der englischsprachigen Literatur wird auf ein Vorkommen in Waldrandbereichen hingewiesen, z. B. bezeichnen BARTLETT & BARTLETT (1995) das Pantherchamäleon als „forest-edge species" (= Waldrand-Art). Auch der Hinweis auf weiter landeinwärts besiedelte Regionen (DAVISON 1997) sowie Vorkommen in bis zu ca. 1.220 m Höhe ü. NN finden hier Erwähnung (BARTLETT & BARTLETT 1995; FERGUSON et al. 1995). Wie lässt sich dieser vermeintliche Widerspruch auflösen?

Als Begründung für das Meiden geschlossener Wälder werden hauptsächlich die zur Entwicklung der Eier angeblich nicht ausreichend hohen Bodentemperaturen (HENKEL & HEINECKE 1993) und die ausgeprägte Sonnenliebe (Helio-

Auch in Primärwäldern lässt sich *Furcifer pardalis* nachweisen. Foto: N. Lutzmann

In geschlossenen Wäldern entstehen durch Schneisen für das Pantherchamäleon geeignete Randbereiche.
Foto: B. Love/Blue Chameleon Ventures

philie) des Pantherchamäleons angeführt. Inzwischen vorliegende Erfahrungen aus der Nachzucht zeigen aber, dass nicht nur die früher angegebenen Bruttemperaturen von 26–28 °C zum Schlupf führen, sondern auch erheblich niedrigere, teilweise sogar mit deutlich besserem Erfolg. Auf Nosy Mangabe konnte LUTZMANN eine Eiablage mitten im Wald beobachten. Seine Untersuchungen deuten darauf hin, dass die erforderliche Zeitigungstemperatur durch Variation der Ablagetiefe sichergestellt wird. Im Wald betrug diese maximal 10 cm, bei offener Fläche im Stadtgebiet von Maroansetra lag sie zwischen 20 und 30 cm.

Die Abhängigkeit von sonnenexponierten Plätzen zum Erreichen der Aktivitätstemperatur schließt unserer Meinung nach eine Besiedelung von Wäldern ebenfalls nicht aus. Wie eingangs zitiert, vermutete schon KLINGELHÖFFER (1957) das Vorkommen im sonnenexponierten Kronenbereich dichter Wälder; RAXWORTHY

(1988) teilt diese Annahme. Dort, wo die Sonne auch die unteren Schichten des Waldes erreicht, findet man das Pantherchamäleon auch tiefer, beispielsweise an Waldrändern, Lichtungen und entlang von Schneisen, Flussläufen u. Ä. Auf Mauritius konnte KREMER (schriftl. Mittlg.) die Art an einem Bach entdecken. GRIMM & RUCKSTUHL (1999) beobachteten *Furcifer pardalis* u. a. in einer „Pflanzenwand" entlang einer Straße.

Die Hypothese, dass das Pantherchamäleon ursprünglich die sonnenexponierten Bereiche von Tieflandregenwäldern besiedelt hat, wird auch unterstützt, wenn man die frühere Vegetation Madagaskars betrachtet. Bis zur Besiedlung durch den Menschen vor 1.500–2.500 Jahren war „La Grande Île" entlang ihrer Küsten nahezu komplett bewaldet (GLAW & VENCES 1994): im Nordosten der Insel und im nordwestlichen Teil des rezenten Verbreitungsgebietes von *Furcifer pardalis* (Sambirano-Region, etwa von Mahajanga bis etwas nördlich von Am-

Im kühleren Waldbodenbereich beträgt die Ablagetiefe oft nicht mehr als 10 cm. Foto: N. Lutzmann

kundärwälder (Madagassisch: savoka) das Landschaftsbild bestimmen (STADELMANN 2002). Diese aus Büschen und Sträuchern, niedrig bleibenden Bäumen, *Ravenala* (Baum des Reisenden), Gräsern, Adlerfarn, Bambus und Kulturpflanzen (Mango, Ylang-Ylang, Bastpalmen u. a.) gebildete Vegetation stellt ein ideales Biotop für das Pantherchamäleon dar. Sie verlagert quasi die Baumkronenregion der ursprünglichen madagassischen Tropenwälder aus 30 m Höhe in Regionen von 2–5 m über dem Erdboden, die gesamte Landschaft besteht bildlich gesprochen nur noch aus Baumkronen, Lichtungen und Waldrändern – dem idealen Lebensraum für das Pantherchamäleon. Dies erklärt, warum es in landwirtschaftlich genutzten Gebieten und auf Brachflächen besonders häufig ist. Durch diese Überlegungen wird auch klar, dass man – obwohl Pantherchamäleons gelegentlich sicher auch andere Chamäleons fressen – sicher nicht von einer Verdrängung anderer Chamäleonarten durch *Furcifer pardalis* (HENKEL & HEINECKE 1993; SCHMIDT et al. 1996; NECAS 1999) sprechen kann (höchstens durch den Menschen), vielmehr entsprechen die neu entstandenen Landschaftsformen eher den vormals von *Furcifer pardalis* bewohnten Teilbereichen der Regenwälder als denen der anderen Spezies (z. B. *Calumma cucullata* oder *Furcifer willsii*). Teilweise ist es in diesen Lebensräumen das einzige Chamäleon. Die fehlende Konkurrenz und das besonders auf bewirtschafteten Flächen größere Nahrungsangebot wirken zusätzlich positiv auf Verbreitung und Bestandsdichte des Pantherchamäleons. Dennoch kann dieser Art zusätzlich eine enorme Anpassungsfähigkeit bescheinigt werden. Es scheut die Nähe des Menschen nicht und besiedelt sogar Städte und Dörfer. In Ermangelung von Bü-

banja) mit Tieflandregenwald, im Westen mit Trockenwäldern. Über die ursprüngliche Vegetation im Norden rund um Antsiranana (Diego Suarez) bestehen Zweifel (GLAW mündl. Mittlg.). Die einzigen Gebiete in Madagaskar, die zu dieser Zeit wohl keine Bewaldung aufwiesen, waren einige Teile des Hochlandes (Grasländer) und die alpinen Zonen der Gebirge (GLAW & VENCES 1994), die aber aufgrund der zu niedrigen Temperaturen als Lebensraum für *Furcifer pardalis* ohnehin ausscheiden. Im Laufe der letzten Jahrhunderte wurden diese ursprünglichen Primärwälder (Madagassisch: ala) bis auf ein schmales Band an den östlichen Berghängen und Gebiete im Süden der Masoala-Halbinsel durch Brandrodung (Madagassisch: tavy) zerstört, sodass in den Küstenebenen im Osten, Norden und Nordwesten Plantagen, Kulturflächen und Se-

schen und Bäumen werden auch Zäune, Hecken, Telegrafenmasten und Dächer vereinnahmt. BOURGAT (1967) beschreibt als Habitat sogar eine angeschwemmte Ebene auf Réunion, deren Boden durch Brackwasser und Überschwemmungen einen hohen Salzgehalt aufwies. Ob diese Anpassungsfähigkeit auf eine phylogenetische Jugend (entwicklungsgeschichtlich geringes Alter) zurückzuführen ist (HENKEL & HEINECKE 1993; HENKEL & SCHMIDT 1995), muss vorerst unbeantwortet bleiben, da diese selber noch umstritten ist. Sie wird zwar von RAXWORTHY et al. (2002) bestätigt, jedoch durch Befunde bei anderen Tiergruppen in Frage gestellt. Die ursprünglichen (plesiomorphen) Formen dieser Gruppen (z. B. der Lemuren) leben im trockenen Westen und Süden der großen Insel. Die eher an die trocke-

nen Biotope angepassten Chamäleons Madagaskars sind aber eindeutig die Vertreter der Gattung *Furcifer* (GLAW & VENCES 1994), nicht *Calumma*-Arten (BÖHME, schriftl. Mittlg.). Außerdem gibt es auch innerhalb der Gattung *Furcifer* starke Unterschiede. So können sich andere Arten der Gattung genauso gut bzw. genauso wenig an sekundäre Biotope und Brachen anpassen wie die Vertreter der Gattung *Calumma*. Dass selbst innerhalb von Arten unterschiedliche Anpassungsfähigkeiten bestehen, sieht man z. B. an Populationen von *Calumma nasuta* bei Andasibe, wo die Tiere ohne weiteres auch außerhalb des primären Regenwaldes auftreten, und den Populationen aus der Umgebung von Maroantsetra, wo sie nicht außerhalb des Waldes zu finden sind (LUTZMANN in Vorb.).

Sekundärvegetation (z. B. Plantagen) „verlagert" den Kronenbereich in geringere Höhen.
Foto: B. Love/Blue Chameleon Ventures

Pantherchamäleon von Ambanja
Foto: B. Love/Blue Chameleon Ventures

Ambanja (Nr. 7 auf der Karte)
Foto: K. Liebel

Nosy Bé (Nr. 4 auf der Karte) Foto: B. Love/Blue Chameleon Ventures

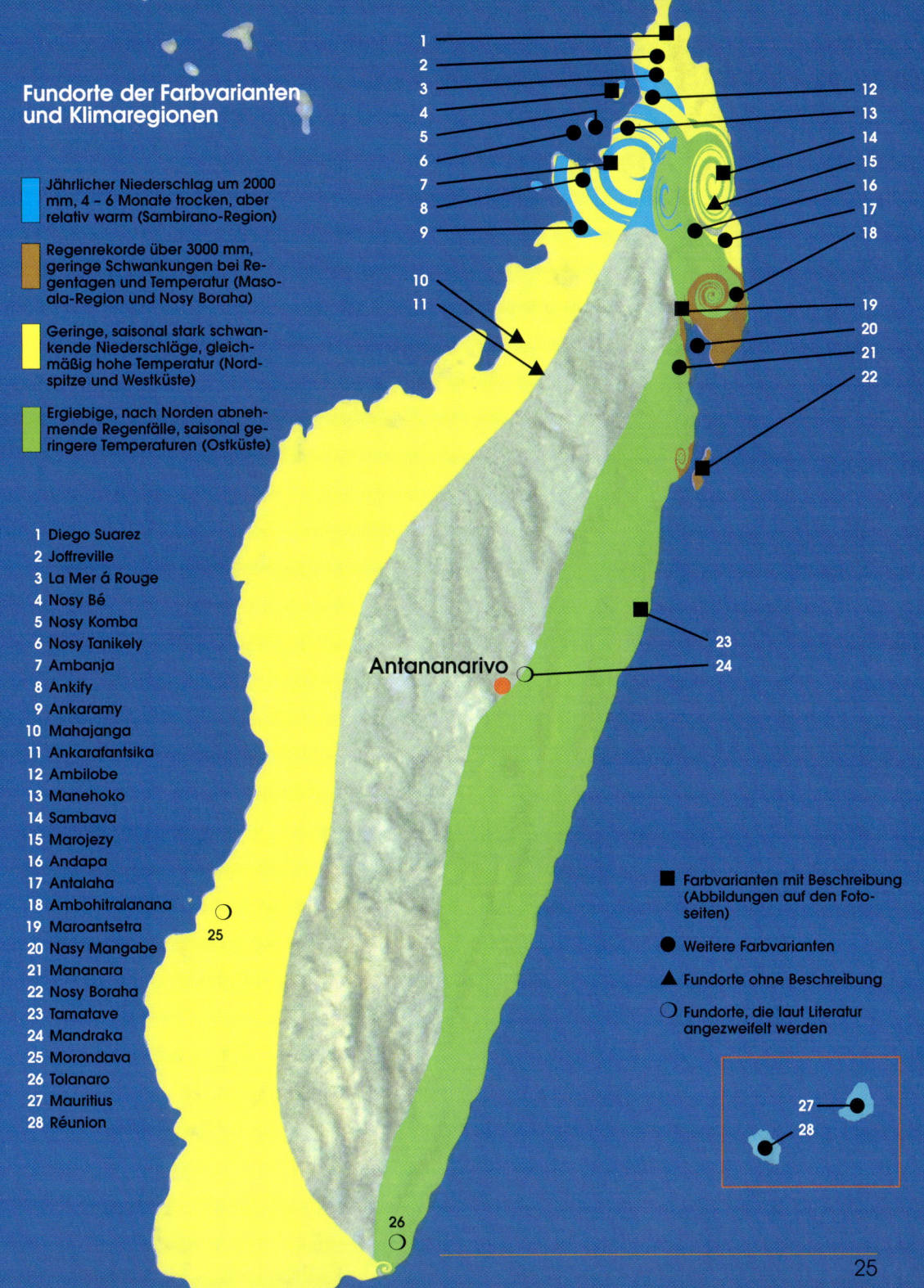

Fundorte der Farbvarianten und Klimaregionen

Jährlicher Niederschlag um 2000 mm, 4 – 6 Monate trocken, aber relativ warm (Sambirano-Region)

Regenrekorde über 3000 mm, geringe Schwankungen bei Regentagen und Temperatur (Masoala-Region und Nosy Boraha)

Geringe, saisonal stark schwankende Niederschläge, gleichmäßig hohe Temperatur (Nordspitze und Westküste)

Ergiebige, nach Norden abnehmende Regenfälle, saisonal geringere Temperaturen (Ostküste)

1 Diego Suarez
2 Joffreville
3 La Mer á Rouge
4 Nosy Bé
5 Nosy Komba
6 Nosy Tanikely
7 Ambanja
8 Ankify
9 Ankaramy
10 Mahajanga
11 Ankarafantsika
12 Ambilobe
13 Manehoko
14 Sambava
15 Marojezy
16 Andapa
17 Antalaha
18 Ambohitralanana
19 Maroantsetra
20 Nasy Mangabe
21 Mananara
22 Nosy Boraha
23 Tamatave
24 Mandraka
25 Morondava
26 Tolanaro
27 Mauritius
28 Réunion

Antananarivo

■ Farbvarianten mit Beschreibung (Abbildungen auf den Fotoseiten)

● Weitere Farbvarianten

▲ Fundorte ohne Beschreibung

○ Fundorte, die laut Literatur angezweifelt werden

Antsiranana (Diego Suarez) (Nr. 1 auf der Karte)
Foto: B. Love/Blue Chameleon Ventures

Maroansetra (Nr. 19 auf der Karte)
Foto: B. Love/Blue Chameleon Ventures

30

Nosy Boraha (Nr. 22 auf der Karte)
Foto: B. Love/Blue Chameleon Ventures

Während der Trockenzeit ist eine geographische Zuordnung der Männchen sehr schwierig; hier ein Tier aus Windsor Castle an der Nord-Westküste Madagaskars. Foto: K. Schmidt

Sobald zwei Pantherchamäleon-Halter zusammensitzen, entwickelt sich fast zwangsläufig eine endlose Diskussion über die Farbformen dieser Art. Auch die Literatur beschäftigt sich intensiv mit dieser Thematik, trägt z. T. aber auch erheblich zu Irritationen bezüglich der Bezeichnung nach Fundorten bei. Beschreibungen und Abbildungen sind deshalb mit einer gewissen Vorsicht zu interpretieren, zumal auch kommerzielle Interessen hinter der Benennung von Farbvarianten stehen können, da man sich von diesen möglicherweise einen höheren Verkaufspreis erhofft. Aus demselben Grund sind Fotos, die bei Händlern in Madgaskar angefertigt wurden, mit einer gewissen Skepsis zu beurteilen, selbst wenn der Fundort als gesichert angegeben wird. Wir wollen daher an dieser Stelle versuchen, etwas Klarheit in die unübersichtliche Situation zu bringen, einen Überblick über die bisher mit Fundort beschriebenen Varietäten zu geben und diese anschließend diskutieren. Die Beschreibungen stützen sich auf Beobachtungen von LUTZMANN, Feldbeobachtungen von ABATE (1999), FERGUSON et al. (1994), GLAW & VENCES (1994), GRIMM & RUCKSTUHL (1999), NEWLAND (1996), RIMMELE (1999), RISLEY (1997) sowie mündliche Mitteilungen von BÖHLE , GLAW, GRIMM, KREMER, K. SCHMIDT und W. SCHMIDT. Außerdem wurde mit KAMURA et al. (1998) verglichen.

Die ersten Zusammenstellungen der Farbvarianten in der Literatur boten BRYGOO (1971) und BOURGAT (1970), die bisher jüngste stammt von RIMMELE (1999).

Vor allem die Männchen verschiedener Populationen können sich teils deutlich voneinander unterscheiden. Die Farbvarianten stellen wir im Folgenden anhand ihrer Verbreitungsgebiete von Westen über den Norden bis an die Ostküste vor. Die Beschreibungen beziehen sich hauptsächlich auf die Erregungsfärbung der Männchen. Natürlich werden auch populationsabhängige Färbungsmerkmale der Weibchen erwähnt, sofern diese bekannt sind.

● Ankaramy

Die Männchen weisen ein kräftiges Pink mit teils blauen und violetten Farbanteilen als Grundfarbe auf. Von den Lidern bis auf die Kopfseiten ziehen sich sternförmig angeordnete schwarze Streifen. Dorsalkamm (Rückenkamm) und Cranialkanten (Kopfleisten) sind blau-violett. Der Lateralstreifen ist durchgehend weiß, manchmal gelblich. Die Lippenschilde sind weiß. In Prachtfärbung zeigen diese Tiere eine intensive, durchgehend rote Grundfarbe, die vertikale Streifung ist nicht mehr sichtbar. Der Lateralstreifen erscheint dann weiß mit einem gelblichen Schimmer und reicht bis zu den Wangen. Dorsalkamm und die Cranialkanten sind leuchtend grün. RISLEY (1997) beschreibt aus der Region südlich um Ambanja ähnliche Tiere, gibt aber leider keinen genauen Fundort an.

Ankaramy, Männchen
Foto: B. Love/Blue Chameleon Ventures

Ambanja, Weibchen Foto: K. Liebel

■ Ambanja und ● Ankify

Männchen aus Ambanja zeigen eine leuchtend grüne bis gelbe Grundfarbe, oft mit bläulichen Farbanteilen. Die Vertikalbänder heben sich blau bis dunkelblau ab und sind mit roten Flecken durchzogen. Der Lateralstreifen ist weiß, kann aber auch bläuliche Farbanteile besitzen. Lippen und Maulwinkel sind weiß bis gelb, der Kopf schimmert grün, mit roten Farbanteilen. Die Lider können rot mit einem gelben radialen Muster sein oder umgekehrt. Weibchen aus dem Westen Ambanjas zeigen eine lehmfarbene Grundfärbung mit dunkleren vertikalen Bändern, der Lateralstreifen ist weißlich grau. Auf den Wangen zeigen sich manchmal blasse blaue Farbanteile. Lippen und Maulwinkel können gelb sein. Tiere nördlich von Ambanja unterscheiden sich von den übrigen Ambanja-Tieren dahingehend, dass sich die Querbänder bräunlich schwarz abzeichnen. Die Cranialkanten sind auffällig rot. Bei allen „Ambanja-Tieren" bilden der 2. und 3. vertikale Streifen auf

Ambanja, Weibchen in Erregungsfärbung
Foto: B. Love/Blue Chameleon Ventures

zeit zeigen die Männchen sehr blasse Farbtöne, d. h. meist ein schmutziges Weiß mit rotbraunen Farbanteilen.

Ankify liegt 25 km südlich von Ambanja. Hier lebende Tiere zeigen eine ähnliche Färbung wie die Tiere vom Westen Ambanjas, jedoch überwiegt bei Männchen der Gelbanteil am Kopf sowie auf Schwanz, Beinen und hinterem Drittel des Körpers. Lider und Wangen zeigen meist ein leuchtendes Orange. Lippen und einzelne Schuppen auf den Wangen sind gelb. Zwischen Ankify und Ambanja wurden Männchen gefunden, in deren Grundfarbe der bläuliche Farbanteil überwiegt. Die Vertikalstreifen zeigen ein tiefes Lilablau und sind auf dem Schwanz weniger gut zu erkennen. Dorsalkamm und Lateralstreifen sind blass blau. Die Kopfpartie und die Lider sind rotorange, die Kopfoberseite jedoch ist grün mit einigen gelben Schuppen. Lippen und Kehle sind weiß.

den Flanken vom Rücken zum Bauch ein „Y". Hier wurden auch die größten Exemplare mit der ausgeprägtesten „Schaufel" gefunden, die weit über das Maul hinausragt. In der Trocken-

Männchen, nördlich von Ambanja Foto: B. Love/Blue Chameleon Ventures

Nosy Komba, Männchen Foto: B. Love/Blue Chameleon Ventures

● Nosy Komba und ● Nosy Tanikely

Von Nosy Komba wird ein Männchen mit grüner Grundfärbung und dunkelgrünen Querbändern beschrieben. Bei Hitzestress zeigte es oberhalb des Lateralstreifens an Kopf und Rücken ein leuchtendes Gelb, an den Lidern Gelb mit einer roten, sternförmig angeordneten Strichzeichnung. Mehrjährigen Untersuchungen zufolge (ANDREONE et al. 2003) sollen auf dieser Insel allerdings gar keine Chamäleons mehr vorkommen.

Westlich von Nosy Komba liegt Nosy Tanikely. Die Weibchen von diesem Fundort zeigen an Kopf und Körper eine schwach orange Grundfärbung mit dunkleren Vertikalstreifen, der Schwanz ist blassgrau. Der Lateralstreifen hebt sich weiß hervor. Semiadulte (halb erwachsene) Männchen zeigen eine blasse grünliche bis graue Färbung mit dunklerer olivgrüner Vertikalstreifung. Die Lippen sind gelb.

Männchen von Nosy Tanikely Foto: B. Love/Blue Chameleon Ventures

Männchen von Nosy Bé, Porträt Foto: K. Liebel

Weibchen von Nosy Bé mit typischer „ Pastellfärbung"
Foto: F. Andreone

■ Nosy Bé

Die Färbung der auf Nosy Bé vorkommenden Männchen variiert in der Grundfarbe von graublau über bläulich grün bis grün oder olivgrün. Die Vertikalbänder besitzen den gleichen Grundton, sind aber dunkler und meist nur schwach zu erkennen. Sie können auch ganz fehlen. Der gesamte Körper kann eine rote Punktzeichnung aufweisen. Der Lateralstreifen ist weiß, manchmal mit einem bläulichen Schimmer, und kann sich bis zu den Wangen ziehen. Lippen und Maulwinkel sind meist gelblich, die Lider rot mit einer radialen gelben Zeichnung oder umgekehrt. Auch bei den Weibchen variiert die Farbe. Die Grundfarbe kann mittelbraun, bläulich grün oder orangegelb sein, ebenfalls mit einer dunkleren Querbänderung. Die Körperseiten können lila, braune, rosa oder blaue Farbanteile aufweisen. Oft sind auf den Wangen blaue Schuppen zu erkennen. Der Lateralstreifen ist weiß, ebenso gefärbt sind die Lippen, die jedoch eine leicht grüne Färbung zeigen können. In der Trockenzeit wurden nur Männchen mit verblassten Farben gefunden, d. h. mit einem schmutzigen

Nosy Bé, Männchen
Foto: B. Love/Blue Chameleon Ventures

Grün, gelben und roten Anteilen, nie jedoch blauen Tönen. Die Struktur des Nasenfortsatzes bei jungen Männchen unterscheidet sich von denen der Männchen aus Ambanja. Die Kegelschuppen sind einzeln angeordnet und ragen vertikal über das Maul hinaus. In der Mitte des Fortsatzes ist eine deutliche Kerbe zu erkennen. Die Parietalkante (Scheitellinie) ist laut RISELY (1977) ausgeprägter als bei den anderen Varianten.

● Manehoko, ● Ambilobe/ Ankarana, ● La Mer á Rouge, ● Joffreville (Ambohitra)/Montagne d´Ambre

Diese Orte liegen auf der Strecke von Ambanja nach Antsiranana (Diego Suarez). Manehoko liegt ca. 150 km südlich von Diego Suarez. Die dort gefundenen Weibchen weisen eine bläulich graue Grundfärbung auf. Auch der Lateralstreifen ist bläulich gefärbt. Die Querbänder sind schmal und goldbraun, die Lider braun und die Wangen blass blau.

Bei Ambilobe/Ankarana zeigen die Männchen eine grüne Grundfärbung, die unterhalb des Lateralstreifens sowie an Beinen und Kehle gelblich orange Anteile aufweist. Die Querbänder sind bräunlich rot, der Lateralstreifen blassblau und die Lippen weiß. Die Weibchen zeigen ein tiefes Orange mit dunkleren Querbändern. Lateralstreifen und Lippen sind hellorange, der Kopf zeigt eine blassblaue Färbung. Bis auf die blaue Kopffärbung sehen die Weibchen genauso aus wie weibliche Tiere aus Joffreville.

La Mer á Rouge liegt etwa auf halber Strecke zwischen Ankarana und Diego Suarez. Männchen von dieser Lokalität zeigen eine ähnliche Färbung wie die bei Ankarana. Lateralstreifen, Kehle und Ventralkamm (Bauchkamm) sind jedoch weiß. Bei Erregung werden die Region unterhalb des Lateralstreifens sowie die Kehle und die Beine leuchtend gelb. Die Vertikalbänder werden rot, der restliche Körper und der Schwanz erscheinen in einem tiefen Pink. Auch die Tiere aus Joffreville (Ambohitra), 32 km südlich von Diego Suarez, zeigen die Farben der Tiere aus den oben genannten Vorkommensgebieten. Ähnlich den Tieren bei Ankarana haben sie weiße Kegelschuppen, die auf Körper und Beinen verteilt sind. Die Tiere von diesen Fundorten (Andapa, Antalaha, Mananara) gleichen den von Maroansetra bekannten Tieren (s. nächster Abschnitt).

Farbenprächtiges Männchen aus Ambilobe
Foto: B. Love/Blue Chameleon Ventures

Weibchen westlich von Ambilobe
Foto: B. Love/Blue Chameleon Ventures

Montagne d´Ambre, Männchen Foto: K. Schmidt

Antsiranana, Weibchen Foto: K. Liebel

bläulichen Vertikalbändern auftreten. Das 2. und 3. Querband bilden vom Dorsalkamm zum Lateralstreifen oft ein U, manchmal auch mit dem 1. Band ein abgerundetes W. Die Lider sind rot, mit schwarzen oder grünen, sternförmig angeordneten Streifen. Der Lateralstreifen ist hellblau, Lippen sowie Mundwinkel sind gelblich weiß. In Normalfärbung sind die Tiere grün mit bräunlich roten Vertikalbändern. Der Lateralstreifen ist dann gräulich weiß, und die Cranialkanten und Lider sind bräunlich rot. In der Trockenzeit zeigen die Tiere nur eine matte „Pfirsich"-Farbe, die Querbänder sind nur schwach zu erkennen und zeigen ein blasses, gräuliches Rot. Diese Farbe zeigt sich ebenfalls auf dem Kopf, am Rücken und der Umgebung des Kreuzbeins.

■ Antsiranana (Diego Suarez)

In der Prachtfärbung zeigen die Männchen eine leuchtend gelbe Grundfarbe, die von dunkelbraunen bis roten Vertikalbändern unterbrochen wird. Anfangs können bei adulten Exemplaren auch eher grünliche Grundfarben mit

■ Sambava

Die Prachtfärbung der Männchen besteht aus einem kräftigen Gelb mit dunkelroten Vertikalbändern. Der Lateralstreifen ist weiß, manchmal auch bläulich. Lippen und Mundwinkel sind weiß. Die Cranialkanten können tiefrot bis lila gefärbt sein. Die Normalfärbung ist grün. RISLEY (1997) fand ein limonengrünes Tier mit dunkelroten Querbändern sowie auch ein goldgelbes mit dunkelroten Querbändern. Die Pupillenöffnungen sind weiß umrandet. Beim Übergang von der Normal- zur Prachtfärbung können sie ein kräftiges Rotorange zeigen. Lateralstreifen und Cranialkanten sind dann leuchtend weiß. Die Ruhefärbung besteht aus einem Grün, das unterhalb des Lateralstreifens und besonders im Kopfbereich von orangen Tönen verdrängt wird. Junge Weibchen dieser Variante können ähnlich wie Tiere aus Nosy Bé hellgrüne oder hellblaue Wangenschuppen besitzen.

Antsiranana (Diego Surez), Männchen in Ruhefärbung Foto: K. Schmidt

Sambava-Männchen mit hohem Gelbanteil ähneln Tieren aus Diego Suarez. Foto: B. Love/Blue Chameleon Ventures

● Andapa, ● Antalaha, ● Mananara

In Andapa (westlich von Samabava) zeigen Männchen eine überwiegend grüne Grundfärbung, nur am Kopf sind noch deutliche Rotanteile zu erkennen. Je nach Jahreszeit können auch einheitlich grüne Tiere vorkommen. Von Antalaha bis Mananara ist das Erscheinungsbild der Pantherchamäleons größtenteils gleich. Die Grundfärbung der Männchen ist über dem Lateralstreifen ein dunkles Grün, unterhalb ein dunkles Weinrot. Diese Aufteilung kann sich auf dem Schwanz fortsetzen. Die Tiere von diesen Fundorten (Andapa, Antalaha, Mananara) gleichen den von Maroansetra bekannten Tieren (siehe nächster Abschnitt.

Männchen, nordöstlich von Andapa Foto: B. Love/Blue Chameleon Ventures

Die rot-grüne Zeichnung zieht sich bei Männchen aus Antalaha oft bis auf den Schwanz. Foto: K. Schmidt

■ Maroansetra, ● Nosy Mangabe und West-Masoala

Die Männchen dieser Fundorte zeigen eine mittelgrüne Grundfärbung, die unterhalb des Lateralstreifens und an der Kehle mit rötlich orangen Farbanteilen durchsetzt ist. Die Vertikalbänder sind dunkelrot, aber nur schwach abgesetzt. Die Lider sind braun bis rot und weisen ein schwarzes radiales Muster auf. Die Pupillenöffnung ist weiß umrandet. Auf Körper, Beinen und Schwanz zeigt sich ein unregelmäßiges Muster aus weißen Tuberkelschuppen. Lateralstreifen, Dorsalkamm, Schnauzenfortsatz sowie die Oberseite des Kopfes sind gräulich. In erregtem Zustand zeigen die Tiere auf dem ganzen Körper ein leuchtendes

Männchen von Nosy Mangabe gleichen den Maroansetra-Tieren. Foto: B. Love/Blue Chameleon Ventures

Porträt eines Männchens von Maroantsetra Foto: K. Liebel

Maroantsetra-Weibchen Foto: K. Liebel

Orange bis Ziegelrot. Die Cranialkanten und Lateralstreifen werden dann leuchtend weiß. Die Weibchen zeigen eine bräunliche Färbung mit einem leicht abgesetzten dunklen „Gittermuster" unterhalb des Lateralstreifens und auf der Kehle. Auch hier können Weibchen grüne Schuppen auf der Seite des Kopfes besitzen. Im selben Lebensraum fand LUTZMANN neben „normalen" auch *pardalis*-ähnliche Weibchen mit einer grünen Grundfarbe, die einen extrem langen Schwanz aufwiesen. Auch der Schnauzenfortsatz war für Weibchen ungewöhnlich groß. Diese Tiere hatten grüne Wangen und rote Lider.

Tiere, die auf Nosy Mangabe, südöstlich von Maroansetra in der Bucht von Antogonil, sowie auf der westlichen Masoala-Halbinsel gefunden wurden, glichen den Tieren aus Maroansetra.

Weibchen von Nosy Boraha zeigen die für *F. pardalis* üblichen schlichten Brauntöne.
Foto: B. Love/Blue Chameleon Ventures

Männchen aus dem Osten der Masoala-Halbinsel zeigen auf hellblauem Grund eine braunrote Bänderung. Foto: K. Schmidt

■ Nosy Boraha (St. Marie) und ● Ost-Masoala

Nosy Boraha liegt 100 km nördlich von Toamasina (Tamatave) vor der Ostküste Madagaskars. Hier zeigen auch die Männchen eine eher schlichte Färbung. Die Grundfarbe ist sandfarben bis hellgrau. Die Vertikalstreifen sind tiefbraun bis rot. Der Lateralstreifen hat dieselbe Grundfarbe wie der Körper und hebt sich nur durch die Unterbrechung der vertikalen Streifen hervor. Lippen und Maulwinkel sind gelblich. Es wurden auch Tiere mit blauen Farbanteilen gefunden. Männchen aus Ost-Masoala weisen eine ähnliche Färbung auf, besitzen aber oft größere Blauanteile. Manchmal kann jedoch die dunkelrote Zeichnung so groß sein, dass sie den Platz der Grundfarbe annimmt und die weiß-blauen Anteile die Querbänderung bilden. Auf den Lidern ist meist ein sternförmig angeordnetes Muster aus blauen Streifen zu finden.

Juveniles Pantherchamäleon von Toamasina
Foto: K. Liebel

■ Tamatave (Toamasina)

Die Männchen zeigen oberhalb des Lateralstreifens ein dunkles bis mittleres Grün, unterhalb und auf der Kehle jedoch eine gelblichrote bis dunkelrote Färbung. Lippen, Rückenkamm und die Oberseite des Kopfes sind schiefergrau. Die Querbänderung ist rot, jedoch nur schwach zu erkennen. Der Kehlkamm ist weiß,

und die Pupillenöffnung weiß umrandet. In der Trockenzeit zeigen die Tiere eine schmutzig gelbe Grundfarbe mit braunen Querbändern sowie eine radiale, braune Zeichnung auf den Lidern, die sich bis auf die Kopfseiten erstrecken kann.

● Réunion

Die Tiere auf Réunion sind nicht von den Tieren der Farbvariante aus Nosy Bé zu unterscheiden. Viele Weibchen zeigen jedoch kaum blaue Farbanteile an Kopf oder Körper. Es sind aber Weibchen gefunden worden, die beinahe komplett grün gefärbt waren.

● Mauritius

Leider sind uns nur Abbildungen von Weibchen bekannt. Daher können wir keine Aussage über die Farbe der Männchen dieses Fundortes machen. Die Weibchen haben jedoch die „normale" Zeichnung und Färbung. Leider kann man auf den Bildern nicht erkennen, ob blaue oder grüne Farbanteile vorhanden sind.

Weibchen von Réunion ähneln jenen von Nosy Bé. Foto: K. Schmidt

Ambodirafia (nördliche Ostküste, in der Nähe von Antalaha), Porträt eines Männchens Foto: K. Liebel

Diskussion der Farbvarianten

Da wissenschaftliche Untersuchungen zur Systematik innerhalb der Art *Furcifer pardalis* bislang fehlen und der exakte Entstehungsort sowie der ursprüngliche Lebensraum nicht bekannt sind, können wir hier nur Thesen zum Thema „Farbvarianten" formulieren.

Bei der Beschreibung der Farbformen zeigt sich, dass Alter, Allgemeinzustand, Jahreszeit, Stimmung und individuelle Unterschiede wesentlichen Einfluss auf die Erscheinung der Tiere haben können. Dennoch lassen sich klar voneinander abgrenzbare Formen beschreiben, die mit dem ersten oder bekanntesten Fundort bezeichnet und auch einer bestimmten Region zugeordnet werden können. Dies sind in erster Linie: Ankaramy, Nosy Bé, Nosy Boraha und die Gegend um Ambanja. Im Norden und Osten Madagaskars ist dies schon schwieriger! Ein Männchen aus Diego Suarez mit hohen Orange-Anteilen lässt sich nur sehr schwer von einem Exemplar aus Sambava mit hohen Gelb-Anteilen unterscheiden. Ein besonders rotes Tier aus Sambava ist dagegen einem schwächer gefärbten Männchen aus Maroansetra sehr ähnlich. Tiere aus dieser Region unterscheiden sich wiederum nicht wesentlich von Tamatave-Tieren mit ausgeprägten Rot-Anteilen. Zusätzlich werden zwischen den genannten Orten mehr und mehr Formen entdeckt, die Merkmale verschiedener benachbarter Regionen aufweisen. Das ist auch im Norden zwischen Ambanja und Diego Suarez der Fall. Diese „Zwischenformen" könnten theoretisch durch eine Vermischung von Populationen entstanden sein, die in der Vergangenheit lange genug isoliert waren, um z. B. aufgrund bestimmter Farbpräferenzen der Weibchen (sexuelle Selektion) eindeutig voneinander abgrenzbare Farbmuster hervorzubringen. Für uns ist aber nicht erkennbar, wodurch diese „Inselbildung" gegeben gewesen wäre. Gerade *Furcifer pardalis* zeichnet sich durch die Adaptation an verschiedenste Landschaftsformen aus, und auch die ehemals geschlossene Bewaldung der Verbreitungsgebiete wies zumindest entlang der Küste keine unüberwindbaren Hindernisse zwischen einzelnen Vorkommen dieser Art auf. Wahrscheinlicher scheinen uns eine flächige Ausbreitung innerhalb der besiedelbaren Gebiete und die fließende Ausbildung regional typischer Merkmale. Ob diese zufällig erfolgte oder in Wechselwirkung mit vorherrschenden Umwelteinflüssen (z. B. Klima, Vegetation) einen Überlebensvorteil darstellte und immer noch darstellt, müssen weitere Beobachtungen und Untersuchungen zeigen. Es lässt sich aber ein grobes Verlaufsraster feststellen: Im Westen Madagaskars sind eher blau-grüne Tiere beheimatet, während im südöstlichen Verbreitungsgebiet hauptsächlich grün-rote Tiere leben. Nördlich dieser beiden Zonen nehmen die Gelb-Anteile zu, um an der Nordspitze ihr Maximum zu erreichen. Inwieweit sich örtlich begrenzte Vorkommen mit abweichenden Färbungen auf spezielle lokale Einflüsse oder Hybridisierung mit eingeschleppten Exemplaren anderer Varietäten zurückführen lassen, könnten nur weitergehende Untersuchungen klären (z. B. auf molekulargenetischer Ebene). Eine Erklärung wäre, dass *Furcifer pardalis* eine so genannte „Ringart" darstellt; d. h., benachbarte Populationen sind untereinander noch fortpflanzungsfähig, mit zunehmender Entfernung und Ausdifferenzierung nimmt diese Möglichkeit aber ab. Hierfür sprechen auch Kreuzungsversuche von MÜLLER und WALBRÖL, die bei Verpaarung von Nosy-Bé- und Ambanja-Tieren fortpflanzungsfähige Nachzuchten hervorbrachten. Eine Hybridisierung der Nosy-Bé- und Diego-Suarez-Variante hatte dagegen eine unfruchtbare F_1-Generation zur Folge (TAMM, schriftl. Mittlg.). Durch die oft haltungsbedingten Schwierigkeiten bei der Weiterzucht können solche Einzelbeobachtungen aber natürlich nicht als repräsentativ gewertet werden. Auch der kontinuierliche Übergang zwischen Farbformen im Norden und Osten der Insel könnte ein Indiz für diese These sein. Die hohe Wahrscheinlichkeit der Verschleppung durch Warentransport, Touristenströme und kommerzielle Verwertung stellt eine zusätzliche Komplikation für die Beobachtung und Untersuchung der ursprünglichen Verteilung einzelner Varietäten dar. So ist nicht auszuschließen, dass gerade in der letzten Zeit neu aufgetauchte Muster- und Farbformen durch versehentliche oder absichtliche Hybridisierung entstanden sind.

Da wissenschaftliche Kreuzungsversuche sowie genetische und/oder weiterführende morphologische Untersuchungen bisher fehlen, können keine endgültigen Aussagen getroffen werden. Solange keine weitergehende Speziation verschiedener Populationen nachgewiesen ist, muss *Furcifer pardalis* aber als eine Art ohne Unterarten angesehen werden. Dennoch möchten wir empfehlen, die typischen, regionalen Ausprägungen bei Zuchtversuchen möglichst eindeutig zu erhalten, und wir hoffen, dass die Abbildungen und Beschreibungen in diesem Buch sich dabei als hilfreich erweisen!

Dieses Sambava-Männchen ist eher unscheinbar gezeichnet – und gut getarnt. Foto: K. Liebel

Pantherchamäleon von Nosy Boraha
Foto: K. Liebel

Körperbau und Biologie

Die besondere Morphologie und Anatomie des Pantherchamäleons lassen sich nicht von dessen Lebensweise trennen, da sie sich gegenseitig bedingen. Geradezu beispielhaft lässt sich an dieser Echse zeigen, wie Anpassungen im Körperbau zu neuen Verhaltensweisen führen bzw. diese erst ermöglichen. Die Echten Chamäleons (Chamaeleoninae) haben sich u. a. durch die Entwicklung von „Kletterwerkzeugen" und eine überwiegend passive Verteidigungsstrategie auf ihre ganz eigene Weise den Lebensraum Büsche und Bäume erschlossen. Die Langsamkeit der Bewegungen erforderte spezielle Anpassungen des Gesichtssinnes und des Beuteerwerbs. Die visuelle Ausrichtung machte besondere Kommunikationsformen nötig, die wiederum durch spezielle Körperform und Hautstruktur ermöglicht wurden. Viele typische Besonderheiten des Pantherchamäleons werden also erst in ihrer Kombination zu einem Überlebensvorteil und können auch nur in ihrem Zusammenwirken verstanden werden. Einige Aspekte der interessanten Morphologie, Anatomie und Lebensweise, die Eingang in viele Mythen, Sagen, Sprich- und Schimpfwörter gefunden haben (vgl. SCHUSTER & SCHUSTER 2000), möchten wir hier kurz beleuchten.

Die spezielle Biologie der Chamäleons begünstigt die Mythenbildung. Foto: B. Love/Blue Chameleon Ventures

Körperform

Das Pantherchamäleon weist einen lateral leicht abgeflachten Rumpf auf, der im Ruhezustand einen spitz-ovalen Querschnitt besitzt. Diese Grundform kann durch Füllen und Ent-

Durch Abflachen des Körpers verschwindet das Pantherchamäleon selbst hinter dünnen Ästen fast vollständig. Foto: B. Love/Blue Chameleon Ventures

Haut und Farbwechsel

leeren der Lungenfortsätze und Muskelaktivität verändert werden. Auf diese Weise kann der Körper sowohl eine lang gestreckte, runde als auch eine hohe, abgeplattete Gestalt annehmen. Diese blattartige Form ermöglicht je nach Positionierung des Tieres eine ernorme Verkleinerung oder Vergrößerung der sichtbaren Körperfläche. Zum Verstecken wird der Körper hinter einen Ast gedreht und in dessen Verlaufsrichtung seitlich abgeflacht, sodass das Tier bis auf Teile der Füße und des Kopfes nicht mehr zu sehen ist. Dies ist auch die einzige Situation, bei der die Blattähnlichkeit des abgeflachten Körpers eine Tarnfunktion erfüllen könnte, denn nur hierbei herrschen unauffällige Farben vor. Drohende oder balzende Pantherchamäleons zeigen dagegen ein auffälliges Wackeln, oft grelle Muster und richten ihren Körper rechtwinklig zur Blickrichtung aus. Die gleichen Mechanismen helfen *Furcifer pardalis* auch bei der Regelung der Körpertemperatur. Zur Aufnahme von Wärmestrahlung wird der Körper mit möglichst großer Fläche zur Einfallsrichtung gedreht, bei Überhitzungsgefahr wird die Oberfläche hingegen verringert.

Die Epidermis (Oberhaut) des Pantherchamäleons besteht aus verhornten Schuppen, die sich nicht überlagern, und der so genannten Schuppenzwischenhaut. Die Form dieser Schuppen ist größtenteils gleichmäßig oval, nur der Kopf ist mit ungleichmäßig vergrößerten Plattenschuppen besetzt. Durch Verdickung bilden sie so genannte Parietal-, Lateral-, Präorbital- und Rostralkanten. Bei Männchen bedecken sie die knöchernen Nasenfortsätze und können durch Zusammenwachsen sogar eine „Schaufel" formen. Außerdem bilden bei beiden Geschlechtern konische Kegelschuppen niedrige, einreihige Kehl-, Bauch- und Rückenkämme. Eine der bekanntesten Auffälligkeiten der Chamäleons ist die Fähigkeit zur schnellen Farbänderung. Obwohl schon F. Hasselquist und einige Jahrzehnte später G. Cuvier (18./19. Jhr.) den Farbwechsel auf Stimmungslagen zurückführen (Kästle 1997), ist die Meinung immer noch weit verbreitet, er diene der Anpassung an die Umgebung. Mitte des 19. Jahrunderts wurde er dann an ägyptischen

Die Körperbeschuppung ist sehr gleichmäßig. Foto: R. Müller

Verdickte Schuppen bilden die typischen Kopfleisten.. Foto: K. Schmidt

Tiere ist aber durch Alter, Geschlecht sowie die Zugehörigkeit zu bestimmten Farbvarianten beschränkt. Neben der Kommunikation und Thermoregulation (Verdunkelung zur Wärmegewinnung, Aufhellung bei Überhitzungsgefahr) haben außerdem individuelle Ausprägung und, wie erwähnt, Stimmungslagen, Tages- und Jahreszeit Einfluss auf das gezeigte Farbmuster.

Chamäleons genauer erforscht (KÄSTLE 1997). Diese Fähigkeit wird den Chamäleons durch die Einlagerung von Chromatophoren (Farbzellen) in übereinander liegenden Hautschichten ermöglicht. Dies sind von außen nach innen Xantophoren (für gelbe Töne) und Erythrophoren (für rote Töne), darunter Guanophoren (für blaue Töne) und als unterste Melanophoren (für Schwarz). Blaue Farben werden durch die lichtbrechende Wirkung des in den Guanophoren enthaltenen Guanins erzeugt, die übrigen entstehen durch Pigmentverschiebung in den anderen Chromatophoren. Die schwarzen Pigmente der Melanophoren können durch röhrenartige Verlängerungen dieser Zellen in die oberste Hautschicht verlagert werden, da sie auf elastischen Bändern aufgereiht sind, und sorgen so für stärkeren Kontrast, die Ausblendung bestimmter Farben oder eine flächige Verdunkelung. Dieser Mechanismus ist ernergieaufwändig, sodass kranke oder stark geschwächte Tiere oft blass und farblos wirken (KÄSTLE 1982; STEGEMANN 2000a). *Furcifer pardalis* gehört zu den Chamäleonarten, die in ihrer Gesamtheit die komplette Farbpalette erzeugen können. Das Spektrum der einzelnen

Füße und Schwanz

Die Füße des Pantherchamäleons weisen fünf Zehen auf, die je zu zweit und zu dritt zusammengewachsen sind (zygodactyl) und an ihren Enden Krallen tragen. An den Vorderfüßen zeigen drei nach innen und zwei nach außen, an den Hinterfüßen ist es genau umgekehrt. Die so gebildeten Greifzangen erlauben *Furcifer pardalis* einen festen Griff um Äste und Zweige, können sich aber auch in Unebenheiten wie grobe Rinde klammern. Der Schwanz erreicht meist etwas mehr als die Länge des übrigen Körpers, manchmal auch etwas weniger, und kann nicht abgeworfen oder ersetzt werden. Er ist ausgesprochen beweglich, muskulös und wird beim Klettern als fünfte Hand eingesetzt. Teilweise wird er sogar als einzige Halterung beim „Abseilen" oder zum Auffangen bei Stürzen und Sprüngen benutzt (SCHMIDT 1987). In Ruhestellung und im Schlaf wird er meist eingerollt, beim Laufen und Verstecken nach hinten gestreckt. Um die Anpassung an die baumbewohnende (arboricole) Lebensweise weiter zu perfektionieren, weisen die Unterseiten der Füße und der Schwanzspitze bei Chamäleons

Die Füße sind zu effektiven Greifzangen umgebildet.
Foto: R. Müller

ähnliche Strukturen auf wie die Haftlamellen vieler Geckos (SCHLEICH & KÄSTLE 1979) (eine so genannte Konvergenzentwicklung). Diese dienen ihnen als zusätzliche Haftorgane beim Klettern, besonders auf glatten Untergründen oder dünnen Zweigen, bei denen die Krallen nicht zum Einsatz kommen können. Es ist anzunehmen, dass dies auch für das Pantherchamäleon gilt, muss aber wissenschaftlich für diese Art erst noch bestätigt werden.

In Ruheposition wird der Schwanz unter der Kloake aufgerollt.
Foto: B. Love/Blue Chameleon Ventures

Nach dem Anvisieren folgt der Abschuss der Zunge.
Foto: K. Liebel

Zunge

Der Schussapparat der Chamäleons stellt eine einmalige Entwicklung im Tierreich dar. Zusammen mit dem Gesichtssinn ermöglicht die mehr als körperlange Zunge sogar bei Verharren auf der Stelle ein Erbeuten selbst fliegender Insekten im weiteren Umfeld. Das schnelle Vorstoßen des gesamten Körpers oder Kopfes bei anderen Reptilien wird hier durch ein über 20 km/h schnelles Herausschleudern (MEIER 1979; STEGEMANN 2000b) des Fangapparates ersetzt. Hierfür wird die Ringmuskulatur der über das Zungenbein gestülpten Zunge bei gleichzeitiger Entspannung der Längsmuskulatur kontrahiert. Ähnlich wie ein Stück Seife aus einer zugreifenden Hand wird hierdurch die Zunge vom gleichzeitig nach vorne gestreckten Zungenbein getrieben. Nur dass man sich bei diesem Beispiel die „Seife" (das Zungenbein) fixiert vorstellen muss, sodass sich die „Hand" (die Zunge) von der „Seife" fortbewegen würde (NECAS 1999; KIESELBACH et al. 2001). Die Zungenspitze ist deutlich verdickt und wird bereits kurz vor dem Auftreffen von einem eigenen Muskel, dem so genannten „pouch retractor muscle" (HERREL et al. 2001) zu einer konkaven Höhlung geformt, trifft also nicht flach auf, wie früher vermutet (z. B. NECAS 1999; STEGEMANN 2000b). Bemerkenswert ist, dass nach einer experimentellen Immobilisierung dieses Muskels keinerlei Beute an der Zunge haften bleibt, sondern nach deren Auftreffen fortgeschleudert wird (HERREL et al. 2001). Abgesonderte Feuchtigkeit dichtet die Ränder des durch die Höhlung an der Zungenspitze entstehenden „Saugnapfes" ab und trägt außerdem durch die Adhäsionskraft mit etwa 30 % zur Haftfähigkeit bei. HERREL et al. konnten in ihrer Untersuchung u. a. durch Muskel-

Wenn möglich, wird die Beute beim Zungenschuss mit beiden Augen anvisiert. Foto: R. Müller

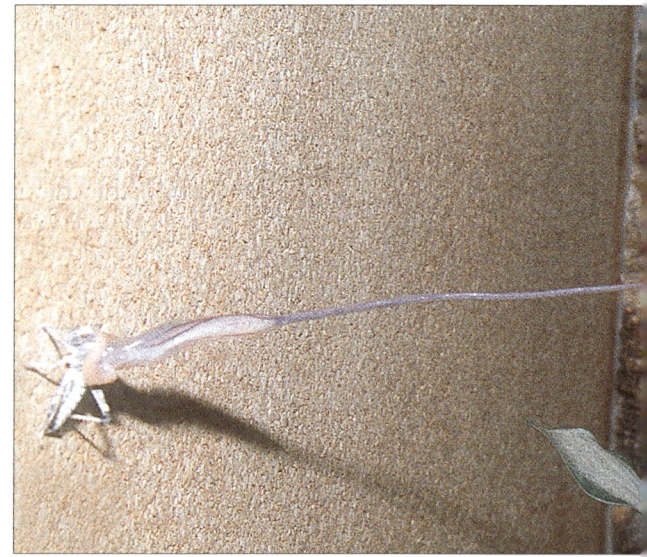

markierungen, Röntgen- und Hochgeschwindigkeitskameras sowie eigens entwickelte Messmethoden das genaue zeitliche Zusammenwirken der Zungenmuskulatur untersuchen und nachweisen, dass bis zu 70 % der Haftfähigkeit auf dem oben beschriebenen „Saugeffekt" basieren. Dieser Effekt würde auch erklären, warum Wassertropfen geschossen werden können, die beim Auftreffen einer abgeplatteten Zungenspitze eigentlich zerplatzen müssten.

Das Zusammenwirken aller Mechanismen kann so eine Zugkraft aufbringen, die mehr als der Hälfte des Eigengewichts entspricht (DISCHNER 1958). Anschließend wird die Längsmuskulatur wieder angespannt, die Ringmuskulatur lockert sich, und die Zunge wird mitsamt Futter ins Maul gezogen. Gelegentlich werden die Kiefer aber auch zur direkten Nahrungsaufnahme eingesetzt, beispielsweise, wenn Blätter oder Obststücke ergriffen werden.

Während des Zurückziehens werden die Augen geschlossen, um Verletzungen zu vermeiden. Foto: R. Müller

Bei voller Streckung kann die Zunge mehr als die zweifache Körperlänge erreichen. Foto: R. Müller

Augen

Eine weitere hoch spezialisierte Anpassung stellen die Augen der Chamäleons dar. Sie sind in der Horizontalen um etwa 180°, in der Vertikalen um etwa 90° unabhängig voneinander beweglich und bescheren den Tieren einen fast vollständigen Rundumblick, ohne dass sie sich auch nur einen Zentimeter fortbewegen müssten (NECAS 1999). Die Augen sind in Relation zum Kopf sehr groß, stehen aus diesem kuppelartig hervor und sind mit einer verwachsenen Lidhaut bedeckt, die nur das Linsensystem freilässt. Wie OTT & SCHAEFFEL (1995) herausfanden, besteht dieses aus einer Sammellinse, gebildet aus der Hornhaut, und einer Streulinse. Diese im Bereich der landlebenden Wirbeltiere einmalige Kombination bietet zwei Vorteile: Zum einen ermöglicht sie eine größere effektive Gesamtbrennweite und damit eine um ca. 15 %

vergrößerte Abbildung auf der Netzhaut. Zum zweiten können Chamäleons hierdurch die Brechkraft ihres Sehapparates über einen Bereich von 45 Dioptrien präzise variieren (dagegen liegt die Variationsbreite der Akkomodation beim Menschen altersbedingt nur zwischen 15 [10 Jahre], 7 [30 Jahre] und 0,5 [60 Jahre] Dioptrien – LANGHOLZ 2004). Dies ermöglicht ihnen, die Entfernung eines anvisierten Objektes auch mit nur einem Auge mit einer maximalen Abweichung von 10 % zu ermitteln. Hierzu wird das Abbild auf der Netzhaut scharf gestellt und die Entfernung aus der dafür nötigen Muskelkontraktion der inneren Augenmuskeln hergeleitet (Akkommodation). Nach dem gleichen Prinzip kann bei einem Teleobjektiv die Entfernung eines scharf gestellten Gegenstandes am Einstellring abgelesen werden (OTT 1995). LAND (1995) vermutet noch einen dritten Vorteil dieser Linsenanordnung:

Durch Akkomodation kann das Pantherchamäleon auch mit einem Auge Entfernungen ermitteln. Foto: R. Müller

Der so genannte „nodal point", das ist die Stelle, an der das Licht durch eine einzelne hypothetische Linse gebrochen würde, deren Brechungsverhalten der des gesamten Auges entspräche, liegt bei Chamäleons weit vor dem Rotationspunkt des Auges. Infolgedessen entstehen beim mehrfachen Anvisieren eines Objektes mit minimal gedrehtem Auge unterschiedliche Abbildungen auf der Netzhaut, aus denen sich wiederum die Entfernung berechnen ließe. Bei einem nahe dem Rotationspunkt liegenden „nodal point" ergäben sich dagegen identische Abbildungen. Das häufig zu beobachtende mehrfache Anvisieren von Futtertieren mit minimal hin und her bewegten Augen fände hierin eine Erklärung. Diese Kombination von Sammel- und Streulinse, kuppelförmigen Augen und verwachsener Lidhaut ließ sich auch bei einer Sandgrundel nachweisen (PETTIGRAW et al. 1999), deren Jagdstrategie ähnliche Elemente aufweist (Lauern und explosionsartiges Hervorstoßen). Untersuchungen an *Furcifer lateralis* (Teppichchamäleon) haben gezeigt, dass deren Netzhaut keine Stäbchen (nicht am Farbsehen beteiligt, aber sehr lichtempfindlich) aufweist – ein Hinweis auf die tagaktive Lebensweise –, sondern nur Zapfen (vermitteln das Farbsehen, sind aber wenig lichtempfindlich), die als Doppel- oder Einzelzapfen vorliegen. Die Doppelzapfen und ein Typ der Einzelzapfen absorbieren im langwelligen Licht (maximale Absorption bei 560–610 nm). Ein Einzelzapfentyp absorbiert im mittleren Wellenlängenbereich (maximale Absorption bei 490–505 nm). Der dritte Einzelzapfentyp absorbiert im kurzwelligen Bereich (maximale Absorption bei 440 nm). Der letzte Zapfentyp schließlich absorbiert maximal bei 370 nm. Chamäleons haben also ein tetrachromatisches Farbensehen, während Menschen Trichromaten sind (OTT, schriftl. Mittlg.). *Furcifer pardalis* verfügt also wahrscheinlich ebenso über ein ausgezeichnetes Farbsehvermögen, ist aber auf eine hohe Helligkeit angewiesen!

Hör- und Geruchssinn

Chamäleons besitzen kein Trommelfell, sondern nur Innenohrstrukturen. Deshalb sind sie nur sehr begrenzt fähig zu hören, jedoch registrieren sie Vibrationen im niedrigen Frequenzbereich um 200 Hz. Schwingungen dieser Frequenz werden durch das Gewebe weitergeleitet (NECAS 1999). Niedrigfrequente Vibrationen werden aber auch von einigen Arten aktiv erzeugt. Dies wurde zunächst an verschiedenen Stummelschwanzchamäleons (Brookesiinae) beobachtet (BRYGOO 1971; FRIEDERICH 1985;

SCHMIDT et al. 1989; RAXWORTHY 1991), später auch bei *Chamaeleo calyptratus* (NECAS 1991), *Ch. (Trioceros) cristatus, Ch. (T.) oweni* (HENKEL & HEINECKE 1993) und *Ch. (T.) johnstonii* (LE BERRE 1995). BARNETT et al. (1999) vermuten hierin eine zusätzliche Kommunikationsmöglichkeit bei *Ch. calyptratus*. LUTZMANN (2003) diskutiert mögliche Auswirkungen auf Sozialverhalten und Haltung. ANDERSON & BARNETT (2003) zitieren in einem Internetartikel Personen, die dieses Verhalten auch an *Furcifer pardalis* und *F. oustaletti* beobachtet hätten. Wir konnten es bei diesen bisher allerdings weder bei Freilanduntersuchungen noch in der Haltung feststellen.

Obwohl das Pantherchamäleon nur ein unterentwickeltes Jacobsonsches Organ (das bei Schuppenkriechtieren der Chemorezeption, also der Wahrnehmung von Duftmolekülen dient) im Oberkiefer besitzt, lässt sich bei ihm immer wieder beobachten, dass Äste, Blätter u. Ä. mit der Zunge berührt werden (z. B. TOFOHR 1908a; FAHR 1910; eigene Beobachtungen). Dies lässt vermuten, dass es zumindest über einen rudimentären Geruchssinn verfügt, da insbesondere unbekannte Umgebungen, etwa neu eingerichtete Terrarien, auf diese Weise untersucht werden (PARCHER 1974; eigene Beobachtung). NECAS (1999) weist in diesem Zusammenhang auf evtl. mögliche Markierungen von Territoriumsgrenzen hin, die von Chamäleons auf diese Weise wahrgenommen werden könnten.

Muskeln und Lunge

NECAS (1999) erwähnt Untersuchungen an *Chamaeleo senegalensis*, die einen überdurchschnittlich hohen Anteil tonischer Muskelfasern nachwiesen. Diese ermöglichen eine statische Fixierung des Muskels bei geringerem Energieverbrauch, während kinetische Muskelfasern dem Tier dynamische Bewegungen ermöglichen (NECAS & MODRY 2000). Sowohl das dauerhafte Umfassen eines Astes mit den Greiforganen als auch das stundenlange Verharren auf der Stelle werden hierdurch begünstigt. Eine weitere anatomische Besonderheit der Chamäleons sind die Strukturen der Lungen. Sie besitzen weit verzweigte Anhänge, die so genannten Luftsäcke. Von KLAVER (1973, 1977, 1981) werden sie für die Unterscheidung der Arten- und Artengruppen herangezogen. Welche spezielle biologische Bedeutung diese Anhänge haben, ist weiterhin unklar. Neben ihrer Rolle bei der Formveränderung wird eine Funktion bei der zusätzlichen Sauerstoffgewinnung während des Ausatmens vermutet (NECAS 1999). Das Aufblasen der Lungensäcke kann nicht nur der Veränderung der optischen Erscheinung dienen, sondern auch der Verminderung der Verletzungsgefahr nach Stürzen und Sprüngen. WAGNER (1981 zit. in NECAS 1999) beobachtete an einem *Chamaeleo quilensis* den Einsatz dieser Technik bei einem Sturz ins Wasser. Von einer Nutzung als „Schwimmhilfe" bei *Furcifer pardalis* berichten auch GRIMM & RUCKSTUHL (1999).

Geschlechtsdimorphismus

Die Geschlechter adulter *Furcifer pardalis* lassen sich gut an Größe, Ausprägung des Helms, der Schnauzenfortsätze und Kämme sowie an der geschlechtsspezifischen Färbung unterscheiden. Männliche Pantherchamäleons können Gesamtlängen von über 50 cm (DE VOSJOLY 1990; GRIMM & RUCKSTUHL 1999) erreichen. Als Maximum werden 52 cm (SCHMIDT et al. 1996; NECAS 1999) und sogar 55 cm (FERGUSON et al. 1995) angegeben. Im Terrarium werden jedoch meist nur 40–45 cm erreicht. Weibliche *Furcifer pardalis* bleiben deutlich kleiner und erreichen maximal 33 cm (FERGUSON et al. 1995) bis 35 cm (SCHMIDT et al. 1996; NECAS 1999). Diese Größe bzw. noch längere Exemplare konnte LUTZMANN bislang nur bei *pardalis*-ähnlichen Weibchen aus Maroansetra feststellen, „normale" Weibchen an diesem Fundort wiesen maximal 28 cm auf. Auch in Men-

Die Geschlechter adulter Pantherchamäleons lassen sich gut unterscheiden, hier ein Pärchen aus der Gegend von Ambanja. Foto: B. Love/Blue Chameleon Ventures

Hier ein Weibchen (links) und ein Männchen (rechts) von Nosy Boraha Fotos: K. Liebel

schenobhut wird eine Gesamtlänge von 30 cm meist nicht überschritten. Die Gesamtlänge der von RISLEY (1997) in Madagaskar gefundenen Männchen lag zwischen 36 und 46,5 cm, die der Weibchen zwischen 23,5 und 33,5 cm.

Die Rostralkanten der Männchen bilden am Oberkiefer zwei so genannte unechte Hörner, die je nach Alter und Variante auch eine „Schaufel" bilden können. Sie überragen den Oberkiefer meistens deutlich, während die nur leicht vergrößerten Rostralkanten der Weibchen in der Regel die Maulspitze nicht erreichen. Auch der Helm und die Kämme sind im direkten Vergleich bei den Weibchen kleiner. Geschlechtsreife Männchen des Pantherchamäleons lassen sich außerdem durch die Färbung deutlich von geschlechtsreifen Weibchen unterscheiden. Ab dem fünften Lebensmonat zeigen Männchen mehr und mehr Bestandteile der für ihre Population typischen, meist bunten Farbelemente (siehe Kapitel Farbvarianten). Diese können neben gedeckten Farben auch grüne, blaue, gelbe und rote Töne umfassen,

während sich das Farbspektrum der Weibchen typischerweise auf Beige, Braun, Weiß und Schwarz beschränkt. Nur bei Drohgebärden und während der Trächtigkeit zeigen sie orange oder hellrote Flecken. Bei Paarungsbereitschaft können helle Grün-, Blau-, Orange- und Rotnuancen auftreten. Die Weibchen einiger Farbvarianten zeigen außerdem mitunter blaue oder grüne Wangenschuppen. Individuelle Entwicklung, Lichtverhältnisse, Gesundheitszustand, Jahres- und Tageszeit können allerdings starken Einfluss auf die äußere Erscheinung haben. Wir pflegten z. B. ein Weibchen von Nosy Bé, das zwischen dem vierten und neunten Lebensmonat eine hellgrüne Grundfarbe aufwies. In diesen Fällen ist es zur Geschlechtsbestimmung hilfreich, dass adulte Männchen eine deutliche Verdickung der Schwanzwurzel besitzen. Die Größe dieser Hemipenestaschen kann zwar individuell variieren und schwankt saisonal, lässt aber selbst in Zeiten ruhender Fortpflanzungsaktivität eine eindeutige Geschlechtsbestimmung zu.

Jahreszyklus

Feldbeobachtungen und wissenschaftliche Untersuchungen weisen auf eine jahreszeitlich ausgerichtete Lebensweise des Pantherchamäleons in seinen Herkunftsländern hin. So lässt sich aus der Hodenaktivität der Männchen auf Réunion ein deutlicher Fortpflanzungszyklus ableiten (BOURGAT 1969). Hier werden in den Wintermonaten keine Spermien produziert, sie lassen sich erst wieder in den Monaten November bis Juni in den Ausfuhrkanälen der männlichen Sexualorgane finden. Ebenso belegt die Häufigkeit der Funde männlicher Tiere ein Aktivitätsmaximum von Dezember bis April. Bei Weibchen liegt es zwischen Februar und April (BOURGAT 1968a). Auch Jungtiere wurden in diesen Monaten häufig gefunden. Diese Angaben decken sich mit Erfahrungen von RIMMELE (1999), der auf Nosy Bé im Oktober nur wenige gesunde Adulti finden konnte, dem aber von deutlich höheren Populationsdichten während der regenreichen Sommermonate berichtet wurde. Auch neuere Beobachtungen von GRIMM & RUCKSTUHL (1999) auf Réunion bestätigen diesen Zyklus. Sie fanden wenige Wochen alte Jungtiere im Oktober, über die Weihnachtstage waren halbwüchsige und adulte Tiere zu beobachten. In dieser Zeit finden dort auch die Paarungen statt (BOURGAT 1968b). Die Eier werden dann im Februar vergraben, weitere Ablagen sollen nicht stattfinden. In Maroansatra konnte von April bis Juni keine Paarungsaktivität mehr festgestellt werden, wohl aber noch eine Eiablage

Während der regenärmeren Zeit verblassen die Farben der Männchen, hier ein Tier aus Ankarana.
Foto: B. Love/Blue Chameleon Ventures

Solch prächtige Farben zeigt das Pantherchamäleon nur während der Regenzeit; Männchen aus Nosy Bé.
Foto: F. Andreone

im Mai (eigene Beobachtung). Auch in der Haltung legt *Furcifer pardalis* oft eine mehrwöchige „Ruhepause" verminderter Aktivität ein, die sogar bei scheinbar fehlenden äußeren Reizen auftreten kann (SCHIFTER 1965; KIESELBACH et al. 2001). RIMMELE (1999) vermutet aufgrund seiner Beobachtungen, dass 2–3 Gelege von Januar bis Mai abgesetzt werden, aus denen zu Beginn der nächsten Regenzeit (Oktober/ November) die Jungen schlüpfen. Diese können sich aufgrund des ausreichenden Futter- und Wasserangebotes bis zum Beginn der Trockenzeit (Mai/Juni) optimal entwickeln, um diese bei geringerer Aktivität zu überstehen. Mit Beginn der folgenden Regenzeit beginnen die nun einjährigen Tiere ihrerseits mit der Kräfte zehrenden Fortpflanzung, und nur wenige Adulti überleben die wiederum folgende Trockenperiode. Wahrscheinlich erreichen Weibchen nur selten ein Alter von zwei Jahren, Männchen können vereinzelt vielleicht drei Jahre alt werden. Auch FERGUSON et al. (1994) folgern aus dem Zustand im Mai gefundener Tiere und Erfahrungen aus der Haltung, dass *Furcifer pardalis* in der Natur nicht bis zur zweiten Fortpflanzungsperiode

überlebt. Dies entspricht auch den Einschätzungen von ANDREONE (mündl. Mittlg.), resultierend aus Untersuchungen auf Nosy Bé und osteochronologischen Befunden, die keine oder nur wenige Wachstumsringe der Knochen ergaben (ANDREONE, VENCES, mündl. Mittlg.). Auch Zeitigungsdaten aus der Terrarienhaltung weisen auf diesen Jahreszyklus hin. Eine Entwicklungspause der Eier wird von FERGUSON et al. (1995) beschrieben, RIMMELE (1999) sieht in einer Diapause eine Anpassung an die Trockenperiode in der Natur. Eine Synchronisierung des Schlupfes durch steigende Feuchtigkeitswerte (beginnende Regenzeit) wird auch durch LIEBWEIN bestätigt (mündl. Mittlg.). Die Zeitigung der Eier unter wechselnden Klimaparametern (eingeschobene trockene und kühle Phase) führt zu unterschiedlich langer Zeitigungsdauer der kompletten Gelege, aus denen dann aber fast zeitgleich die Jungen schlüpfen, während bei konstanter Temperatur erbrütete Eier innerhalb eines Geleges große Zeitunterschiede bis zum Schlupf aufweisen können (NECAS 1999; eigene Erfahrungen). Ähnliches diskutiert GRAF (1995) auch bei der Zucht von *Furcifer oustaleti*.

Haltung

Bis in die heutige Zeit werden Chamäleons oft als nicht haltbar und schon gar nicht als nachzüchtbar bezeichnet. In diesen Aussagen spiegeln sich die Schwierigkeiten wieder, die teilweise auch heute noch in der Haltung und Nachzucht bestehen. Sie sind aber in dieser Form zu pauschal und undifferenziert. Hierbei gilt es zum einen, die historische Entwicklung zu berücksichtigen. Gerade im letzten Jahrzehnt ist das Wissen über die spezielle Biologie, die Verhaltensweisen und Ansprüche dieser Tiere gewaltig angestiegen. Uns stehen heutzutage Reiseberichte, Biotopbeschreibungen, Feldbeobachtungen, Klimadaten, aber auch mehr und mehr Haltungs- und Nachzuchtberichte zur Verfügung, um die Bedingungen fortwährend zu optimieren. Zusätzlich stellt der Handel in den letzten Jahren mehr und mehr technische Hilfsmittel, tiergerechtere Behälter, Nahrungsergänzungspräparate u. Ä. bereit. Von speziellen „Reptilienlampen" und Hygrostatgeregelten Nebelanlagen konnte der Terrarianer noch vor 15 Jahren nur träumen. Selbst die Frage der Grundversorgung mit lebenden Futtertieren lässt sich heute per Abonnement auf dem Versandweg lösen. Des Weiteren muss hier ganz deutlich nach einzelnen Arten unterschieden werden. Als echte Problemfälle erweisen sich auch heute noch hoch spezialisierte Spezies aus extremen Klimazonen wie Bergregionen. Auch mit der modernsten Ausstattung ist es nur schwer möglich, für diese bei intensiver Beleuchtung ganzjährig Tageshöchsttemperaturen unter 24 °C und eine Nachtabsenkung unter 15 °C zu gewährleisten oder eine relative Luftfeuchtigkeit nahe der Sättigungsgrenze zu erzeugen, ohne dass die so schädliche Stickluft damit einherginge. Als Folge stehen viele dieser Arten nach wie vor hauptsächlich als Wildfänge zur Verfügung, was aufgrund der Vorschäden durch Fang, Zwischenhälterung und Verschiffung ihre Überlebensprognosen auch nicht gerade verbessert. So passiert es leider immer

noch, dass dem suchenden Chamäleoneinsteiger eine Hochlandart für die Gruppenhaltung im Standardglasbecken mit Bodenheizung und Wärmestrahler in der Dachgeschosswohnung verkauft wird, nebst der obligatorischen Schale „Mehlwürmer", die zur Ernährung der Tiere angeblich völlig ausreichen. Die Wasserschale besiegelt dann das Schicksal der durch Parasiten und Transportstress ohnehin fast verlorenen Tiere endgültig. Da wir gerne dazu neigen, Fehler erst einmal nicht bei uns selber zu suchen, und wir uns ja an die Verkäuferratschläge gehalten haben, stellt das Ableben der Pfleglinge einen weiteren Beweis für die Unhaltbarkeit von Chamäleons dar. Zugegebenermaßen ein „worst case"-Szenario, das aber zeigt, dass man bei der Chamäleonpflege sehr viele Fehler machen kann. Auch anspruchslosere Arten wie *Furcifer pardalis* erfordern ein sorgfältiges Vorgehen bei der Unterbringung, der Eingewöhnung sowie der Handhabung und Beobachtung, außerdem je nach Grad der Automatisierung tägliche bis halbwöchentliche Pflege-, Versorgungs- und Kontrolltätigkeiten, die mitunter sogar Plänen für einen Kurzurlaub übers Wochenende entgegenstehen.

Historie

Bereits 1869 erschien von MOORE der erste Beitrag, der sich mit Chamäleons in Menschenhand beschäftigte (MASURAT 2000), aber erst 1908 berichtete TOFOHR über die Haltung eines männlichen Pantherchamäleons, das zu dieser Zeit offensichtlich „keineswegs besonders selten" im Handel erschien. Bereits an diesen Texten lässt sich die Faszination ablesen, die *Furcifer pardalis* auch heute noch bei Terrarianern auszulösen vermag. Die damals jahreszeitlich vorherrschenden Probleme mit der abwechslungsreichen Futterversorgung wurden auch schon mal durch das Wälzen „mit Milch befeuchteter Mehlwürmer in Mehl" gelöst. Wie

Auch ein „Einsiedlerchamäleon" wie *Furcifer pardalis* benötigt ein abwechslungsreiches Nahrungsangebot.
Foto: B. Love/Blue Chameleon Ventures

TOFOHR vergesellschaftete FAHR (1910) das Pantherchamäleon noch mit *Chameleon vulgaris* (heute *Chamaeleo chamaeleon*, Gemeines oder Europäisches Chamäleon) und erfreute sich am Verzehr von „80 Mehlwürmern sowie einer Menge Heuhüpfer" sogleich nach der Ankunft. Es finden sich aber bei beiden Autoren schon interessante Hinweise, z. B. auf die grundsätzlich als förderlich betrachtete abwechslungsreiche Fütterung und auf zeitweisen Aufenthalt im Freien. Immerhin berichtete FAHR erst 1915 von der Erkrankung und dem Tod ihres Pantherchamäleons (MASURAT 2000). 1926 erschien dann schon die 2. Auflage von PAUL KREFFTS Werk „Das Terrarium". Auch wenn in diesem Buch die Chamäleonzunge noch „uhrfederartig im Hintergrunde der Mundhöhle aufgerollt" ist, nennt KREFFT schon viele heute noch gültige Haltungsvoraussetzungen, z. B. Einzelhaltung, abwechslungsreiche Fütterung an hellen Tagen oder die Bedeutung der Wasserversorgung. Im Gegensatz zu den früheren Autoren sieht er allerdings das Pantherchamäleon nicht als „Härtestes aller Chamäleons" und bedauert, dass es „leider selten käuflich" sei. Bemerkenswert an diesem Werk ist außerdem eine von FRANZ WERNER verfasste „Anleitung zur Bestimmung der Terrarientiere". Auf TOFOHR und FAHR bezieht sich auch KLINGELHÖFFER (1931) in seiner berühmten „Terrarienkunde". In dieser 1. Auflage werden noch viele Beobachtungen diskutiert, die heute weitgehend geklärt sind. Inzwischen durchgeführte Untersuchungen zu Farbwechsel, Zungenmechanik oder Chamäleonauge zeigen uns die Fortschritte der wissenschaftlichen Möglichkeiten auf. Eine völlig neu bearbeitete 2. Auflage erschien erst nach KLINGELHÖFFERS Tod 1957. Die Haltung eines männlichen *Furcifer pardalis* durch SCHIFTER (1965) kam unseren heutigen Einschätzungen dann schon recht nahe. Es wurde in einem gut durchlüfteten, großen Terrarium einzeln gehalten und nicht zu reichlich gefüttert. Auch auf Luftfeuchtigkeit und ein geringes Absinken der Nachttemperaturen wurde geachtet. Nach 3,5 Jahren verstarb

das Tier dennoch an einem Wurmbefall, wie er ähnlich schon bei KREFFT (1926) beschrieben wurde und leider heutzutage immer noch bekannt ist, besonders bei Wildfängen. Auch BOURGAT (1971) beklagt die hohe Sterblichkeit in der ersten Zeit der Haltung und führt sie auf Würmer zurück. Dennoch gelang ihm die erste veröffentlichte Nachzucht von *Furcifer pardalis*. Allerdings überlebte nur einer von elf Schlüpflingen. Mit Inkrafttreten des Washingtoner Artenschutzabkommens 1984 richtete sich die Aufmerksamkeit der Züchter wieder verstärkt auf die nun nur noch begrenzt erhältlichen Chamäleons. Nachzuchterfolge beim Pantherchamäleon ließen nicht lange auf sich warten, und die in den späten 1980er- und frühen 1990er-Jahren erscheinenden Haltungs- und Zuchtberichte (z. B. FERGUSON et al. 1994; HAUSCHILD et al. 1993; OCHSENBEIN & ZAUGG 1992; PONGRATZ 1989; SCHMIDT 1987; SCHMIDT & TAMM 1988a, b; SCHMIDT & HENKEL 1989) markierten wohl den Durchbruch auf diesem Gebiet. Auch Reiseberichte (z. B. NEWLAND 1996; RISLEY 1997; GRIMM & RUCKSTUHL 1999; RIMMELE 1999) und Bücher über die Natur Madagaskars (z. B. HENKEL & SCHMIDT 1995; LIEBEL & SCHMIDT 2000) erweiterten das Wissen um die natürlichen Habitate in den folgenden Jahren beträchtlich. Innerhalb von 14 Jahren erschienen nun auch etliche Sachbücher, die sich ausschließlich der Familie Chamaeleonidae widmeten und auch ausgiebig auf Haltung und Zucht eingingen; stellvertretend seien hier genannt: DAVISON (1997), DE VOSJOLI & FERGUSON (1995), Dost (2001), HENKEL & HEINECKE (1993), NECAS (1995), KIESELBACH et al. (2001), SCHMIDT et al. (1989). In allen wurde das Pantherchamäleon als eine der robustesten Arten, relativ leicht zu züchten und als „Einsteigerchamäleon" beschrieben. Für viele wissenschaftliche Untersuchungen bot es sich deshalb geradezu an (z. B. FERGUSON 1991, 1994; FERGUSON et al. 1996, 1998, 2001, 2002; HERREL et al. 2000; JONES et al. 1996).
Derzeit kann das Pantherchamäleon als etabliertes Terrarientier angesehen werden, das regelmäßig nachgezogen und angeboten wird. Eigenartigerweise berichten aber viele Züchter von zeitlich übereinstimmenden „guten" und „schlechten" Jahren, in denen die Nachzuchtbemühungen bessere oder schlechtere Ergebnisse erbringen.

Terrarium

Grundsätzlich ist das Pantherchamäleon als nicht übermäßig stickluftempfindlich bekannt, sodass guten Gewissens für seine Haltung **Glasbecken** empfohlen werden können. Hiermit sind jedoch nicht die weit verbreiteten „Standardbecken" gemeint, die schmale Lochblechstreifen unter den Vitrinenscheiben oder in der Seitenwand und im hinteren Teil des Deckels aufweisen! Davon abgesehen, dass der Luftstrom darin selbst für *Furcifer pardalis* zu gering ist, lässt sich bei dieser Behälterform auch keine hochwertige Beleuchtung außerhalb des Ter-

Glasbecken müssen ausreichend große Lüftungsflächen aus Aluminiumgaze aufweisen. Foto: R. Müller

rariums sinnvoll installieren. Das Glas des Deckels würde z. B. die teuer erkauften UV-Anteile der Leuchtmittel wieder herausfiltern und bei Verschmutzung zusätzlich die Lichtmenge mindern. Vielmehr sollten hier modifizierte Glasbecken zum Einsatz kommen, die möglichst auf der gesamten Oberseite eine Lüftungsfläche aus Aluminium- oder Edelstahlgaze aufweisen (Kunststoffgitter kann von Futterinsekten beschädigt werden). Diese gewährleistet ein rasches Abtrocknen des oberen Behälterinhaltes nach dem Besprühen und hilft so, ein dauerfeuchtes Milieu und die damit einhergehende Belastung mit Mikroorganismen zu vermindern. Auch die wertvollen Strahlungsanteile evtl. verwendeter Speziallampen können diese Fläche nahezu ungehindert durchdringen und kommen so den Tieren zugute, die sich meist im obersten Teil des Behälters sonnen. Der Luftzutritt sollte durch eine große Belüftungsfläche im unteren Bereich der Front, etwa unter den Schiebescheiben oder in einer Seitenwand, gewährleistet sein. Für die übrigen Flächen und die Bodenwanne bieten sich silikonverklebte Glasscheiben an, die in Stärken über 6 mm auch die Stabilität der erforderlichen recht großen Behälter sicherstellen.

LUTZMANN arbeitet mit wasserfest beschichtetem Holz. Die vom Baumarkt entsprechend zugeschnittenen Holzplatten werden mit Schrauben zusammengefügt, die Kanten mit Silikon ausgestrichen. Die gesamte Oberseite und teilweise die Rückwand bestehen aus Gaze. Doppel-U-Schienen aus PVC, auch mit Silikon eingeklebt, führen die Frontscheiben. Neben der einfachen Verarbeitung, verringerter Bruchgefahr und erheblich niedrigeren Kosten ist das Gewicht deutlich niedriger als bei Glasterrarien. Nur die Schnittkanten der Holzplatten müssen zusätzlich vor der Feuchtigkeit geschützt werden. Aber mehrmaliges Imprägnieren mit schadstofffreien Mitteln (z. B. Leinölfirnis) reicht jahrelang aus.

Chamäleons können nicht zwischen einem Spiegelbild und Kontrahenten unterscheiden, deshalb sollten die Innenseiten von Glasbecken blickdicht gestaltet werden. Foto: B. Love/Blue Chameleon Ventures

Auch **Rahmenbauweisen** aus verschiedenen Materialien eignen sich bei entsprechender Statik hervorragend, besonders, weil die Front-, Seiten- und Deckelflächen sich unterschiedlich füllen lassen. So lässt sich bei ein wenig handwerklichem Geschick ein einfacher Holzrahmen mit zusätzlichen Lüftungsflächen gestalten, um den Tieren ein überhitzungssicheres Sommerdomizil auf Balkon oder Terrasse zu schaffen.

Sehr zu empfehlen sind auch Konstruktionen aus steckbaren Aluminium-Profilen, die zugegebenermaßen zwar etwas teurer sind, aber durch ihre Langlebigkeit, Variabilität und einfache Handhabung überzeugen. Diese Profile sind auf Maß mit verschiedenen Stegen und vielfältigen Steckverbindungen erhältlich (z. B. „3 D Plastik", Mönchengladbach), sodass sich unzählige Möglichkeiten für individuelle Planungen ergeben. Zum Füllen der offenen Teil-

Die unteren Zweidrittel des Beckens sollten dicht bepflanzt werden. Foto: R. Müller

flächen kommen neben Gaze und Glas (das aufgrund des tragenden Rahmens hier durchaus dünner ausfallen darf) auch transparente oder teilweise blickdichte Kunststoffe in Frage. Beispielsweise lassen sich weiße Hartkunststoffplatten aus dem Fensterbau oder lichtdurchlässige, aber blickdichte „Kunstgläser" hervorragend als Rück- oder Seitenwand einsetzen. Das Gewicht einer solchen Konstruktion wird erheblich gesenkt und lässt auf diese Weise wechselnde Aufstellorte zu (innen, außen, je nach jahreszeitlichem Sonnenstand und nach Grad der Geschlossenheit des Behälters). Das Verhältnis von Lüftungs- zu geschlossenen Flächen muss aber in jedem Fall an den Aufstellort angepasst sein (Überhitzungsgefahr, Unterkühlung etc.).

Bei der Verwendung von Glas ist zu beachten, dass je nach Aufstellung ein Spiegeleffekt entstehen kann, der für die Bewohner Dauerstress bedeutet, denn Chamäleons unterscheiden nicht zwischen einem Kontrahenten und ihrem Spiegelbild. Um dies zu vermeiden, empfiehlt es sich, die Innenseiten der Wände strukturiert zu gestalten, z. B. durch das Aufkleben von Kork. Dieser Werkstoff bietet obendrein noch andere Vorteile. Neben einer Regulation der Luftfeuchtigkeit durch verzögerte Wasseraufnahme und -abgabe wird auch eine gewisse Temperaturdämmung erreicht und je nach gewählter Oberfläche die Bewegungsmöglichkeit für die Chamäleons, zumindest aber für die Futtertiere erweitert, die so auch von Seiten und Rückwand anstatt nur von Boden und Ästen geschossen werden können. Ob hierbei die speziell konzipierten Terrarienplatten oder günstigere Korkfliesen bzw. Schallschutzbahnen aus dem Baumarkt verwendet werden, bleibt dem persönlichen Geschmack und Portmonee überlassen. Beide Werkstoffe sollten ganzflächig mit Silikon verklebt werden, da sich sonst im Lauf der Zeit hässliche Blasen bilden. Achten Sie aber darauf, dass das Material nicht mit schädlichen Mitteln imprägniert oder anderweitig chemisch behandelt ist! Auch die anderen verwendeten Baustoffe dürfen natürlich keine schädlichen Substanzen freisetzen, so darf z. B. kein Sanitärsilikon mit pilzhemmender Wirkung verwendet werden.

Die Bodenwanne sollte eine Befüllung von mindestens 20 cm Höhe zulassen, da die Haltung eines Weibchens eine solche Substratdicke zwingend erfordert (siehe Kap. Trächtigkeit und Eiablage) und sie auch für Männchen Vorteile aufweist. Außerdem muss man sich so bei der Konstruktion der Becken nicht auf Weibchen oder Männchen festlegen. Die Behälter sollten möglichst einen Ablauf aufweisen, der saisonal verstärktes Sprühen oder den Betrieb von Tropftränken/Beregnungsanlagen ermöglicht, ohne den Bodengrund in einen Sumpfbiotop zu verwandeln. Ein aufgeklebtes Sieb verhindert das Verstopfen des Ablaufs durch Substratteile.

Sowohl geeignete Glasbecken als auch Terrarien in Rahmenbauweise werden inzwischen von verschiedenen Firmen angeboten (z.B. „E.N.T.", Bocholt; „Hamacher", Düsseldorf; s. auch Anzeigen in Fachblättern wie der REPTILIA).

Die **Abmessungen der Becken** richten sich logischerweise nach Aktivität und Größe der Bewohner. Für stark baumbewohnende Tiere wie Echte Chamäleons sollte in der Regel die Höhe das größte Maß aufweisen, was auch eine gewisse Temperaturschichtung und die Schaffung unterschiedlicher Mikroklimate begünstigt. Erfahrungen zeigen, dass auch die Tiefe des Beckens eine große Rolle für das Sicherheitsgefühl der Tiere spielt. Ein sozusagen im „Setzkasten" ohne Rückzugsmöglichkeiten zur Schau gestelltes Chamäleon wird wohl seine Scheu niemals ganz ablegen. Das „Gutachten über Mindestanforderungen an die Haltung von Reptilien" (BMLF 1997), das zwar zurzeit (Herbst 2003) keinen Gesetzesrang besitzt, aber für die Beurteilung der tiergerechten Unterbringung herangezogen werden kann, definiert die Mindestgröße für baumbewohnende Chamäleons so: Länge: 4 x KRL; Breite: 2,5 x KRL; Höhe: 4 x KRL (KRL = Kopf-Rumpf-Länge). Dies würde für ein ausgewachsenes Männchen mit etwa 25 cm KRL ein Terrarium mit den Maßen 100 x 62,5 x 100 cm, für ein adultes Weibchen mit etwa 15 cm KRL ein Becken von 60 x 37,5 x 60 cm bedeuten. Wir möchten dem Pfleger dieser agilen Art aber ans Herz legen, für Männchen Tiefe und Höhe der Behälter, für Weibchen die Abmessungen in allen drei Richtungen größer zu wählen. Eine Höhe von mindestens 1,20 m bietet auch bei einer 20 cm hohen Substratfüllung noch einen 100 cm hohen Luftraum, eine Tiefe von 70 cm für Männchen bzw. 60 cm für Weibchen trägt erheblich zu einem Sicherheitsgefühl der Tiere bei, Breiten von 100 cm bzw. 80 cm stellen ein vernünftiges Mindestmaß in dieser Dimension dar. Abgesehen davon, dass es aus Sicht der Pfleglinge wohl keine zu großen Terrarien geben dürfte, erleichtern größere Volumen dem Halter die Strukturierung, das Bereitstellen verschiedener Klimabereiche und auch die Pflege- und Reinigungsarbeiten erheblich. Auch das Beobachten natürlicher Verhaltensweisen wie Anschleichen an Beute, „Hochzeitsmarsch" u. Ä. wird eher bei Tieren in größeren Becken möglich sein.

Besondere Sorgfalt erfordert die Wahl des **Aufstellortes**. Obwohl Pantherchamäleons als ausgesprochen heliophile (sonnenliebende) Tiere von zeitweisem Sonnen- oder zumindest Tageslichteinfall profitieren, muss eine Überhitzung bei Freilandhaltung, besonders aber in der Sonne zugewandten Räumen, unbedingt verhindert werden. Jeder, der an einem Sonnentag in sein zuvor geparktes Auto zurückkehrt, weiß, welche Hitze auch bei niedrigen Lufttemperaturen hinter Glasflächen entstehen kann. Beachten Sie hierbei auch den unterschiedlichen Sonnenstand im Tages- und Jahresverlauf und sorgen sie ggf. für Beschattung. Auf der anderen Seite vertragen Pantherchamäleons keine Nachttemperaturen, die dauerhaft unter 16 °C liegen. Bedenken Sie bei Außenanlagen, dass in unseren Breiten selbst die Sommermonate nicht nur laue Nächte bereithalten. Obwohl der Stellplatz einen Luftaustausch im Terrarium zulassen muss, darf er sich nicht im Bereich von Zugerscheinungen befinden, auch nicht gelegentlich z. B. beim Stoßlüften der Wohnung.

Selbst zutrauliche Tiere vertragen keine dauerhaften Störungen oder anhaltenden Stress. Sie sollten also keinen Blickkontakt zu anderen Behältern mit lebhaften Bewohnern, Artgenossen oder gar Fressfeinden wie Schlangen oder großen Vögeln haben. Generell eignen sich eher ruhige Räume, in denen sich nicht das gesamte Familienleben abspielt, und auch ein Hund oder die Hauskatze, die ständig sehr interessiert die Terrarienbewohner fixieren, fördern nicht gerade deren Wohlbefinden. Einen oft wenig beachteten Faktor stellt die Nachtruhe dar. Ein Durchgangszimmer, in dem ständig das Licht ein- und ausgeschaltet wird, scheidet als Stellplatz für ein Chamäleonterrarium ebenso aus wie das Plätzchen neben dem Fernseher in der „guten Stube", und sei das Abendprogramm auch noch so unterhaltsam. In der Heimat des Pantherchamäleons beträgt die Dauer der Nacht zwischen 10 und 14 Stunden. Eine Verdunkelungsmöglichkeit des Raumes oder zumindest des Behälters stellt deshalb an unseren sehr langen Sommertagen eine wesentliche Optimierung der Haltungsbedingungen dar. Das Pantherchamäleon ist als Busch- und Baumbewohner in der Regel auch nicht gewohnt, seine Umwelt aus der Froschperspektive zu betrachten. Wenn Sie das Becken also so aufstellen, dass sich der mittlere Teil auf ihrer Augenhöhe befindet, haben sowohl Sie als auch das Chamäleon etwas davon. Da nicht jeder über ein separates Terrarienzimmer für sein Hobby verfügt, müssen Sie also selber den besten Aufstellort ergründen. Zum Glück können oft auch weniger geeignete Wohnraumsituationen durch den ideenreichen Einsatz von Hilfsmitteln optimiert werden. So lässt sich z. B. eine relativ ruhige Ecke für die Tiere durch eine geschickt aufgehängte Jalousie oder das Aufstellen eines Paravents schaffen.

Die **Einrichtung** des Terrariums sollte ebenso die speziellen Bedürfnisse des Pantherchamäleons berücksichtigen. Sie besteht sozusagen als Grundgerüst aus einer Vielzahl von Ästen und Zweigen, die so eingeklemmt, aufgestellt oder festgebunden werden, dass das Tier auch wirklich den gesamten zur Verfügung stehenden Raum erschließen kann. Auch ein mehrere Kubikmeter großes Gehege bringt keinen wirklichen Vorteil, wenn es nur mit einem besseren Besenstiel ausgestattet wird und das Chamäleon zwei Drittel des Volumens gar nicht erreichen kann. Unterschiedliche Durchmesser und Oberflächen der Äste trainieren Füße und Greifschwanz der Reptilien und verleihen der Einrichtung ein natürlicheres Bild als genormte Sitzstangen. Alle Äste sollten vor dem Einbringen mehrmals gründlich mit abwechselnd heißem und kaltem Wasser abgespült werden. Als Füllung für die Bodenwanne kommen alle Substrate in Frage, die in begrenztem Maße Feuchtigkeit speichern und den Tieren nicht durch Größe oder Beschaffenheit Schaden zufügen. Versehentlich verschluckte Substratteile dürfen nicht aufquellen, verklumpen oder durch scharfe Kanten die Verdauungswege verletzen. Zu kleine Partikel gelangen sehr leicht in Körperöffnungen oder Augen und können dort Entzündungen hervorrufen. Der Bodengrund für Weibchen muss außerdem eine grabfähige Konsistenz aufweisen, dem Tier also eine Eiablage ohne Verschüttungsgefahr ermöglichen. Bewährt hat sich eine Mischung aus nicht faserigem Torf und Sand (bitte rundkörnigen Spiel- oder Flusssand verwenden, gebrochener Maureroder Verlegesand ist zu diesem Zweck ungeeignet), die nebenbei auch noch ein leicht saures Milieu erzeugt (pH-Wert unter 7) und somit hemmend auf einige Krankheitserreger wirkt. Aber auch andere ungedüngte Erden sind geeignet. Eine zuunterst eingebrachte Drainageschicht aus grobem Kies oder Tonkügelchen (aus der Hydrokultur) hilft bei der Regulierung der Bodenfeuchtigkeit und hält Substratteile von evtl. vorhandenen Abläufen fern.

Die unteren zwei Drittel des Beckens sollten dicht bepflanzt werden, um den Tieren bei Bedarf Schatten und Deckung zu bieten. Das obere Drittel bleibt bis auf die Kletteräste relativ frei und bietet den Chamäleons ungehinderten Lichteinfall und Bewegungsfreiraum. Die Verwendung von echten Pflanzen schafft durch

Auch in der Natur legen die Weibchen ihre Eier bevorzugt im Bereich der Pflanzenwurzeln. Foto: N. Lutzmann

deren Verdunstungstätigkeit zwischen dem Laub kühlere und feuchtere Stellen und hilft so, verschiedene klimatische Bedingungen innerhalb des Beckens anzubieten. Hierfür kommen aus praktischen Gründen hauptsächlich robuste Pflanzen wie *Dracaena* und *Ficus*, kleine Palmen oder Schraubenbäume (*Pandanus*) in Frage, die vor dem Einsetzen in die Bodenwanne sicherheitshalber mit viel Wasser abgespült werden. Das Versenken der Pflanzen mit Topf bietet den Vorteil der leichteren Austauschbarkeit, verhindert aber eine Durchwurzelung des Substrates, die wiederum hilft, die Feuchtigkeit der Befüllung zu regulieren. Da außerdem die Eiablage vorzugsweise im Wurzelgeflecht erfolgt, ziehen wir eine unmittelbare Bepflanzung des Bodengrundes vor.

Die hierfür nötige ca. 20 cm hohe Substratschicht bietet unserer Meinung nach (MÜLLER & WALBRÖL) auch für Männchen Vorteile. Eine relativ große Menge des Bodengrundes nimmt auch große Mengen Wasser auf (z. B. bei der Simulation von Regenzeiten, dem Betrieb von Sprühanlagen/Tropftränken etc.) und gibt diese auch über einen längeren Zeitraum wieder ab. Evtl. vorhandene Kanten von Blumentöpfen werden abgedeckt bzw. sind gar nicht vorhanden. Eine Haltung ohne Bodengrund oder auf Zeitungspapier, Fließpapier o. Ä. können wir

(MÜLLER & WALBRÖL) nicht empfehlen! Auch das „Baumtier" Pantherchamäleon bewegt sich recht häufig auf dem Boden fort. Blanke Glasflächen oder ein Brei aus aufgeweichten Zeitungen, ertrunkenen Futtertieren, Pflanzenresten und anderen Bestandteilen eignen sich als Untergrund hierfür unseres Erachtens nicht. Auch haben frei im Terrarium angebotene Futterinsekten eine Vorliebe dafür, sich unter eingestellten Blumentöpfen zu verstecken und dort zu verenden. Außerdem sollte ein ohne Bodengrund nötiges tägliches Hantieren im Behälter (zur Reinigung der Bodenflächen müssen sämtliche Pflanzen angehoben werden) für die stressempfindliche Familie der Chamäleons nur in Ausnahmefällen in Betracht gezogen werden (z.B. in Quarantänebecken).

LUTZMANN dagegen hält eine Haltung ohne natürlichen Bodengrund aus hygienischen Gründen für empfehlenswert und hat gute Erfahrungen damit gemacht. Natürlich ist hierbei besonders darauf zu achten, dass trächtigen Weibchen frühzeitig eine Eiablagemöglichkeit angeboten wird.

Wie Sie sehen, gehen die Meinungen auch unter erfahrenen Chamäleonhaltern zur richtigen Vorgehensweise manchmal stark auseinander – hier müssen Sie sich Ihre eigene Meinung bilden.

Klima

Wie bereits erwähnt, stellt in unseren Breiten die Imitation der Klimabedingungen aus dem Verbreitungsgebiet der Chamäleons für viele Arten eine der größten Schwierigkeiten dar. Wie schön, dass *Furcifer pardalis* aus Biotopen stammt, deren Klima auch bei uns mit recht einfachen Mitteln nachzuahmen ist. Hierbei müssen allerdings die Werte maßgebend sein, die für das Wohlbefinden der Tiere nötig sind, nicht die Extreme, die gerade noch ausgehalten werden. Auch wenn in Madagaskar während der „wärmeren" Jahreszeit Maximaltemperaturen von 40 °C erreicht werden und die Nachttemperaturen in der kühleren Phase selbst im Tiefland gelegentlich unter 15 °C fallen, tragen diese Spitzen nicht zum Wohlbefinden der Tiere bei. Auch monsunartige Regenfälle oder Phasen ausbleibenden Regens sollten in unseren Terrarien nicht eins zu eins simuliert werden. Bei der Interpretation von Klimadaten aus den Herkunftsländern muss außerdem bedacht werden, dass im von den Chamäleons bewohnten Habitat Mikroklimate zur Verfügung stehen, die z. T. ganz andere Werte aufweisen als der Standort der Wettermessstation. So haben Vegetation, Bodengrund, Wind und Sonnenexposition oder die Nähe zu Gewässern einen unmittelbaren Einfluss auf das Mikroklima. Selbst innerhalb eines Baumes oder Busches variieren Temperatur und Luftfeuchtigkeit erheblich, je nachdem, ob auf den freien Astspitzen oder mehr im Inneren des Laubes gemessen wird. Saisonale Schwankungen sollten bei der Haltung von *Furcifer pardalis* allerdings zumindest tendenziell nachvollzogen werden. Zum einen wird durch einen nachgeahmten Jahresverlauf die Paarungsbereitschaft, insbesondere der Weibchen, spürbar gesteigert. Zum anderen verschafft eine „ruhigere Phase" den Tieren eine Regenerationsmöglichkeit. Zwar können Pantherchamäleons auch bei gleich bleibend hohen Temperaturen mehrere Jahre erfolgreich gehalten werden, sie erreichen jedoch durch die damit einhergehende anhaltende Aktivität im direkten Vergleich meist nicht das Alter der saisonal kühler gehaltenen Individuen. Besonders die Weibchen verlieren durch eine andauernde Produktion von Eiern deutlich schneller an Substanz. In der nördlichen Hemisphäre verschiebt sich diese kühlere, aktivitätsärmere Phase meist in unsere Wintermonate, besonders wenn der wechselnde Tageslichtverlauf für die Chamäleons wahrnehmbar ist. Sogar bei Haltung unter gleich bleibenden Bedingungen mit Kunstlicht sind gelegentlich Verhaltensänderungen zu beobachten (z. B. reduzierte Futteraufnahme).

Licht und Temperatur

Die mittleren Lufttemperaturen liegen im Herkunftsgebiet des Pantherchamäleons während der feuchten, warmen Phasen tagsüber bei 22–35 °C, in den kühleren, trockenen Perioden bei 18–25 °C. Auf sonnenexponierten Plätzen, die besonders vormittags zum Erreichen der „Betriebstemperatur" aufgesucht werden, steigen sie allerdings auch über 35 °C. Nachts sinken sie auf 20–24 °C bzw. 16–20 °C ab. Dies sollte auch das von uns angestrebte Temperaturfenster für die Terrarienhaltung sein. Diese Werte stellen sich in geschlossenen Räumen durch die Beleuchtung meist annähernd von alleine ein. Als „Sonnenanbeter" profitiert *F. pardalis* sichtbar von qualitativ hochwertigen Leuchten. Für eine Art Grundbeleuchtung bieten sich wattstarke Leuchtstoffröhren in entsprechender Anzahl an. Auch wenn man über Strahlungsanteile und deren Reichweite in speziellen Reptilien- oder Vollspektrumröhren streiten kann, schadet ihre Verwendung sicherlich nicht, zumal sie eine dem Tageslicht sehr ähnliche Lichtfarbe aufweisen und Einrichtung und Tiere in ihren „natürlichen" Farben erscheinen lassen. Die Verwendung von elektronischen Vorschaltgeräten reduziert das typische Flimmern und rentiert sich trotz des höheren Anschaffungspreises durch niedrigeren Stromverbrauch und längere Lebensdauer bereits nach kurzer Zeit, aufsteckbare Reflektoren

HQL-Strahler schaffen punktuell höhere Temperaturen zum Aufwärmen. Foto: R. Müller

wahrsten Sinne des Wortes in ganz neuem Licht erscheinen. Für Elektriker besteht die Möglichkeit, Halogenbaustrahler mittels im Fachgroßhandel erhältlicher Vorschalteinheiten in günstige HQI-Strahler zu verwandeln und so den einen oder anderen Euro zu sparen. Auch für HQI- und HQL-Strahler gilt, dass Birnen in der Farbe Tageslicht den geringen Aufpreis durch ihren natürlichen Eindruck wettmachen. Bei der Größe, insbesonders der Höhe der nötigen Becken, scheint uns eine Verwendung von „normalen" Glühfaden-Strahlern nicht sinnvoll, allenfalls Halogenleuchtmittel stellen noch eine in der Anschaffung relativ günstige Alternative dar. Rotlicht- oder Keramikheizstrahler haben in der Chamäleonpflege grundsätzlich nichts zu suchen. Immer wieder anzutreffende Verbrennungen zeigen, dass die Tiere Wärmestrahlung offenbar nur in Verbindung mit sichtbaren Teilen des Lichtspektrums sinnvoll abschätzen können. Aufgrund des nötigen Mindestabstandes der beschriebenen Strahler (mind. 50 cm), kommt für sie nur eine Installation außerhalb des Beckens, vorzugsweise oberhalb des Gazedeckels, in Frage. Unserer Meinung nach ist auch die Montage der Leuchtstoffröhren oberhalb der Deckelfläche empfehlenswert, da sie nur dort dauerhaft vor Sprühnebel, Verschmutzung und Feuchtigkeit geschützt sind. Auch der Kontakt mit den Tieren, z. B. mit ihrem empfindlichen Schussapparat, wird so zuverlässig verhindert.

erhöhen die Lichtmenge der Leuchtstoffröhren erheblich. Zusätzliche Sonnenplätze lassen sich mit verschiedenen Strahlern schaffen, z. B. mit so genannten HQL-Lampen, die aus der Aquaristik, als Industrie- oder als Pflanzenstrahler bekannt sind. Auch der Terraristikhandel bietet diese speziellen Leuchten an, in letzter Zeit sogar in Form von Bausätzen. Sie sind auch umschaltbar erhältlich (z. B. 80/125 W), sodass ihre Stärke durch Einsatz einer anderen Birne verändert werden kann. Neben der Verlängerung oder Verkürzung der Brenndauer ist dies eine gute Möglichkeit, Lichtmenge und Temperatur an Aufstellort und Jahreszeit anzupassen oder eine saisonale Änderung des Klimas zu simulieren.

Die größte Lichtausbeute relativ zur Wattzahl bieten so genannte HQI-Lampen, die allerdings auch die höchsten Preise aufweisen. Trotzdem sei dem Pfleger die Verwendung dieser Strahler empfohlen, lassen sie doch unsere Tiere im

Sollte der Einsatz zusätzlicher Heizungen ausnahmsweise notwendig sein, um die erforderlichen Temperaturen zu erreichen, sollten diese nicht unterhalb des Beckens oder im Bodengrund angebracht werden, sondern vertikal von außen an Seiten oder Rückwand. Die im Fachhandel erhältlichen, sehr dünnen, selbstklebenden Heizfolien eignen sich hierfür hervorragend. So werden sowohl der natürliche Temperaturunterschied zwischen Substrat und Luft als auch der Temperaturgradient des Bodengrundes (von oben nach unten abnehmend) erhalten, und die zugeführte Energie kann als Strahlungswärme direkt Tiere und Einrichtung erwärmen. Der bessere Weg ist aber ohnehin, die Heizwirkung der Beleuchtung zu erhöhen. Die tägliche Brenndauer der Leuchtstoffröhren sollte 12–14 Stunden betragen, die der zusätzlichen Strahler kann auf die individuelle Haltungssituation abgestimmt werden (Raum und Terrarientemperatur, Beckengröße, Simulation von Regen- und Trockenzeiten etc.).

UV-Licht

Die Frage, ob UV-Licht für eine erfolgreiche Terrarienhaltung von Chamäleons notwendig ist, führte und führt immer wieder zu lebhaften Diskussionen unter Haltern und Wissenschaftlern und wird sich wohl auch in Zukunft nicht eindeutig beantworten lassen. Was die Einschätzung dieser Frage so schwierig macht, ist, dass sie nicht isoliert betrachtet werden kann, sondern immer im Zusammenhang mit anderen Faktoren wie Ernährung, Vitamin- und Mineralstoffversorgung und Verhalten der Tiere gesehen werden muss. Die Wellenlänge der für uns relevanten Strahlung liegt zwischen 320 und 400 nm (UV-A) sowie zwischen 280 und 320 nm (UV-B). Der unterhalb 280 nm liegende Bereich wird als UV-C-Strahlung bezeichnet und wirkt zellschädigend. Leuchtkörper, die diese UV-C-Strahlung aussenden (z. B. Leuchtstoffröhren zur Wasserklärung), dürfen deshalb auf keinen Fall zur Terrarienbeleuchtung verwendet werden!

Ein in der Terraristik wichtiger Aspekt betrifft die Synthese von verwertbarem Vitamin D. Unter Einwirkung von UV-B-Strahlung entsteht im Körpergewebe aus Provitamin D (7-Dehydrocholesterol) das immer noch biologisch inaktive Cholecalciferol (Vitamin D_3) (WARE 2000). Dieses wird dann in der Leber zu 25-Hydroxyvitamin D_3 (HOLICK & CLARK 1978 zit. in FERGUSON et al. 2002), anschließend in den Nieren zur hormonell aktiven Form Calcitriol (1,25-Dihydroxyvitamin D_3) umgewandelt (HOLICK et al. 1971 zit. in FERGUSON et al. 2002). Die aktive Form dieses Vitamins ermöglicht die Aufnahme von Mineralstoffen (insbesondere Kalzium und Phosphor) über den Ver-

dauungstrakt. Ein Mangel an Vitamin D_3 verursacht ein Absinken des Blutkalziumsspiegels und die Mobilisierung von im Skelett gebundenem Kalzium (Knochenerweichung). Kann diese Vitaminsynthese im Körper des Chamäleons mangels UV-B-Strahlung nicht erfolgen, muss Vitamin D_3 über die Nahrung zugeführt werden! Sowohl bei körpereigener Bildung als auch bei der Supplementierung muss aber darauf geachtet werden, dass gleichzeitig genügend Kalzium zur Verfügung steht, da alleiniges Vorhandensein von Vitamin D_3 einen Abbau des endogenen Knochenkalziums bewirken kann und so kontraproduktiv wäre. Eine Überdosierung, z. B. bei Haltung unter ungefiltertem Sonnenlicht und gleichzeitiger oraler Gabe dieses Vitamins, kann zum gleichen Effekt führen und zusätzlich Gewebekalzifizierungen hervorrufen. Im schlimmsten Fall kommt es zur Nekrose der Nierenkanälchen, wodurch eine Resorption von Kalzium unmöglich wird und sich die Demineralisierung noch verschlimmert (WARE 2000). Die Bestrahlung mit UV-Licht muss also immer mit der Anreicherung des Futters abgestimmt werden und umgekehrt! Die Abschätzung, wie viel Vitamin D_3 dem Chamäleon denn konkret zur Verfügung steht, ist allerdings kaum zu leisten, weil sich der tatsächliche UV-Anteil der verwendeten Leuchtmittel und deren Reichweite ebenso einer exakten Einschätzung entziehen wie die Durchlässigkeit von Reptilienhaut und Gewebe. Als Idealzustand wäre wohl eine ganzjährige Haltung unter natürlichem Sonnenlicht ohne oder mit sehr geringer Vitamin-D_3-Ergänzung (um die fehlende Dauer und Intensität der Sonnenstrahlen auszugleichen) anzusehen. Dies wird den meisten von uns jedoch nicht möglich sein, sodass wir uns nach Erfahrungswerten langjähriger Halter und eigenen Einschätzungen richten müssen.

Weitere Effekte, die der UV-Strahlung zugeschrieben werden, können während Freilandaufenthalten und bei gezielter UV-Bestrahlung unmittelbar an den Tieren beobachtet werden. Oft zeigen diese ein agileres Verhalten, Fortpflanzung und Futteraufnahme werden stimuliert, die Farben werden kontrastreicher und leuchtender. Neben der Optimierung der Haltungsbedingungen durch die größere Lichtfülle und andere Einflussfaktoren lassen Erkenntnisse über den Aufbau des Chamäleonauges es plausibel erscheinen, dass auch hierbei der UV-Anteil des Lichts eine Rolle spielt. Für das Teppichchamäleon (*Furcifer lateralis*) wurden durch Mikro-Photospektrometrie UV-Photorezeptoren auf der Netzhaut nachgewiesen (BOWMAKER et al. 2000). Hierbei wurde für einen der Zapfentypen (s. Körperbau/Augen) eine maximale Absorption des Lichtes bei 370 nm festgestellt. Diese Wellenlänge liegt im UV-A-Bereich. Die verwandtschaftliche Nähe zu *Furcifer pardalis* lässt wohl die Übertragung der Ergebnisse zu. Die Fähigkeit, UV-Anteile wahrzunehmen, ist für Echsen aber nicht ungewöhnlich. So verfügen Anolis ebenfalls über UV-Rezeptoren (FLEISHMAN et al. 1993), auch reflektieren die Kehlfahnen vieler Anolisarten UV-Licht besonders gut. Möglicherweise haben UV-Anteile in der Terrarienbeleuchtung also einen Einfluss auf das Sozialverhalten (OTT, schriftl. Mittlg.). Inwieweit auch Stoffwechsel o. a. hierdurch beeinflusst werden, müssen weitergehende Untersuchungen zeigen.

Dennoch können Haltungs- und Nachzuchterfolge beim Pantherchamäleon sowohl mit als auch ohne UV-Bestrahlung erzielt werden, sodass die Entscheidung über ihre Verwendung jeder aufgrund eigener Überlegungen und Mittel treffen muss. Da heutzutage die meisten Leuchtmittel (Halogenstrahler, HQL-, HQI-Birnen) vom Hersteller mit UV-Schutzgläsern versehen werden, stehen uns Haltern neben so genannten Vollspektrumröhren nur spezielle Strahler (z. B. HWL–Lampen, Osram Vitalux) zur Verfügung. Aufgrund der relativ geringen Leistung und Reichweite der Reptilienleuchtstoffröhren können sie bedenkenlos dauerhaft eingesetzt werden. Wir verwenden sie seit Jahren als Grundbeleuchtung und installieren sie möglichst nah über der Gaze der Deckelfläche. So werden die Sonnenplätze der Pantherchamäleons bestmöglich von der emittierten Strahlung erreicht. Da die Leistung dieser Röhren im Laufe der Zeit für das Auge unmerklich nachlässt, sollten sie nach 1.500–2.500 Betriebsstunden erneuert werden. Die erwähnten Strahler scheiden aufgrund ihrer hohen Wattzahlen für einen Dauereinsatz in der Regel aus. Sie sollten nur gelegentlich unter strikter Einhaltung des vom Hersteller empfohlenen Mindestabstandes zur gezielten, zeitweiligen Bestrahlung eingesetzt werden, um Schäden wie Verbrennungen oder Augenentzündungen zu vermeiden! Auch sie sind regelmäßig auszutauschen.

Spezielle Vollspektrumleuchtstoffröhren geben geringe UV-Anteile ab und können bedenkenlos als Dauerbeleuchtung eingesetzt werden. Foto: R. Müller

Feuchtigkeit

In den Tieflandregionen entlang der Nordwest-, Nord- und Ostküste Madakaskars erreicht die relative Luftfeuchtigkeit in den Regenzeiten am Tage 70 bis über 90 %, in den „trockenen" Phasen liegt sie aber oft noch über 60 %. Da warme Luft mehr Gewichtsanteile Wasser aufnehmen kann als kühlere, steigen diese Werte und am späten Nachmittag und gibt den Chamäleons gleichzeitig die Möglichkeit, die an Blättern und Ästen hängenden Tropfen aufzunehmen. Eine große Erleichterung stellen automatische Sprühanlagen dar, die inzwischen von verschiedenen Herstellern speziell für terraristische Zwecke angeboten werden. Aber auch Pflanzenberegnungsanlagen (z. B. von Gardena) oder Ultraschallraumbefeuchter (z. B. von

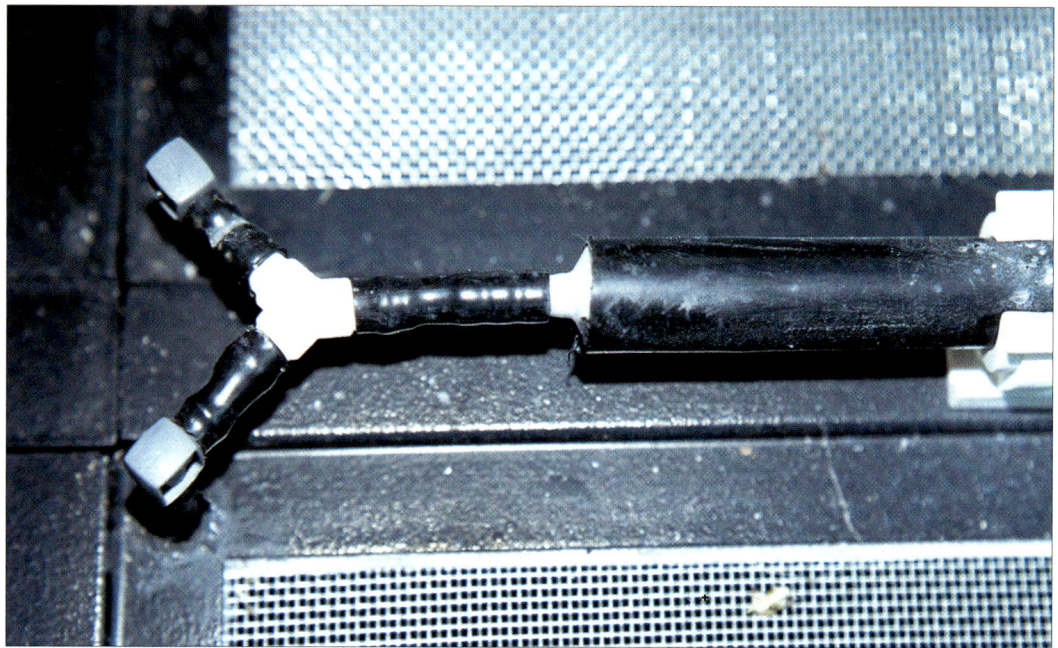

Durch Sprüh-oder Tropfanlagen wird die Luftfeuchtigkeit erhöht. Foto: R. Müller

durch die nächtliche Abkühlung auf 80–100 %. Der normale Wohnraum weist in unseren Breiten gewöhnlich aber nur eine relative Luftfeuchte von 30–50 % auf. Da das Wohlbefinden, aber auch der Wasserbedarf unserer Tiere u. a. unmittelbar von der Luftfeuchtigkeit und der Temperatur abhängen, sollten wir zumindest zeitweise eine feuchte, nahezu gesättigte Atmosphäre in unseren Becken erzeugen. Am einfachsten geschieht dies durch täglich ein- bis mehrmaliges Sprühen mit einer gewöhnlichen Blumenspritze. Dies erfolgt am besten morgens

Fakir oder Honeywell) lassen sich mit etwas Geschick für unsere Zwecke nutzen. Für geübte Handwerker besteht auch die Möglichkeit, mehrere Terrarien in einem geeigneten Raum über zeitschaltuhrgesteuerte Magnetventile direkt an die Hauswasserleitung und die in diesem Fall unbedingt empfehlenswerten Abläufe an die Abwasserleitung anzuschließen. Aber Vorsicht, sollten Sie mit derartigen Installationen nicht vertraut sein, ziehen Sie sicherheitshalber einen Profi hinzu! Auch eine weiter unten beschriebene Tropftränke erhöht natürlich zeitweise die Luftfeuchtigkeit, allerdings nur örtlich begrenzt. Bei allen Sprüh- und Nebelanlagen ist zu beachten, dass ihr Einsatz nicht zu einem dauerfeuchten Terrarienklima führen darf und die Einrichtung mindestens einmal täglich vollständig abtrocknet. In Kombination mit dem im Vergleich zur Natur selbst in gut belüfteten Becken geringen Luftaustausch würde sonst die ohnehin erhöhte Erregerzahl geradezu explodieren. Dieses Durchtrocknen wird von den Tieren gut vertragen, besonders wenn feuchtere Rückzugsmöglichkeiten zur Verfügung stehen. Von der Verwendung von Wasserschalen, Zimmerspringbrunnen oder selbst gebauten Wasserläufen innerhalb der Behälter möchten wir abraten, da diese „geschlossenen" Systeme einen mindestens täglichen Wasserwechsel erfordern und erfahrungsgemäß im Laufe der Zeit auch bei besten Vorsätzen die Hygiene leidet.

Um ein zuverlässiges Ein- und Ausschalten der Beleuchtung zu gewährleisten, können Zeitschaltuhren dienen, die in vielen Ausführungen erhältlich sind, digital oder mechanisch, einzeln, als Doppel- oder Mehrfachausführung. Die Regelung der Temperatur kann, falls nötig, über einen Thermostaten erfolgen, und Sprühanlagen lassen sich nicht nur über Zeitschaltuhren, sondern, falls gewünscht, auch über einen Hygrostaten steuern. Bei aller Arbeitserleichterung, die eine Automatisierung für den Pfleger mit sich bringt, darf aber nicht vergessen werden, die Technik regelmäßig zu kontrollieren und die Tiere auf Veränderungen im Verhalten oder Aussehen zu beobachten. Die Kontrolle der Temperaturen und Luftfeuchtigkeit sollte per Thermometer bzw. Hygrometer erfolgen, die möglichst in mehrfacher Ausführung an verschiedenen Stellen im Terrarium platziert werden. Darauf, dass sämtliche Installationen den vorgeschriebenen Richtlinien entsprechen müssen, sei hier nochmals extra hingewiesen! Sollten Sie nicht selber ein versierter Fachmann sein, nehmen Sie bitte in jedem Fall die Hilfe eines Profis in Anspruch, gerade bei nicht ungefährlichen Kombinationen von Wasser- und Elektroinstallationen.

Haltungsoptionen

Neben der Aufstellung von Terrarien, sei es in der Wohnung oder auf Balkon und Terrasse, gibt es noch eine Reihe anderer Möglichkeiten, seinen Tieren einen adäquaten Lebensraum zur Verfügung zu stellen. Die gebräuchlichsten möchten wir mit ihren jeweiligen Vor- und Nachteilen kurz aufführen. Darüber hinaus sind der Phantasie aber kaum Grenzen gesetzt, solange die Ansprüche und Verhaltensweisen des Pantherchamäleons berücksichtigt werden.

Freie Haltung im Zimmer

Die freie Haltung bietet bei entsprechender Gestaltung den Vorteil des größeren Platzangebotes. Selbst bei gleichem Bewegungsraum wie in einem größeren Terrarium hat man den Eindruck, die Tiere würden die zumindest visuell weniger eingeschränkte Weite genießen. Die Probleme, die sich bei dieser Haltungsmethode ergeben, betreffen hauptsächlich Futter- und Wasserversorgung sowie die niedrige Luftfeuchtigkeit. Sind die Chamäleons an die Aufnahme von Futter und Wasser von der Pinzette beziehungsweise Pipette gewöhnt, erleichtert das eine ausreichende Versorgung ganz erheblich. Ist dies nicht der Fall, müssen hier Hilfsmittel eingesetzt werden. Flugunfähige Insekten können z. B. in einem glattwandigen Behälter angeboten werden, der von oben einsehbar an Ästen oder Pflanzen befestigt wird. Idealerweise sollte er undurchsichtig sein, damit Ihr Chamäleon ohne verletzungsträchtige Selbstversuche erkennt, dass man die Leckereien nur durch die obere Öffnung schießen kann. Eine weiter unten beschriebene Tropftränke, über einer großen Pflanze mit entsprechend aufnahmefähigem Pflanzgefäß platziert, gibt den Tieren über einen längeren Zeitraum die Möglichkeit, Wasser aufzunehmen und erhöht zumindest lokal die Luftfeuchtigkeit. Dem gleichen Zweck dient ein an entsprechender Stelle aufgestellter Zimmerspringbrunnen, der bei dieser Haltungsform durchaus Sinn ergibt (aber bitte das Wasser regelmäßig wechseln). Die Gestal-

Bei ungehinderter Sonneneinstrahlung zeigen die Tiere ihre schönsten Farben Foto: C. Neukirch

tung des Hauptaufenthaltsbereiches der Pfleglinge sollte genauso abwechslungsreich erfolgen wie im geschlossenen Behälter. Verschiedenartige Äste können so fixiert werden, dass sich neben Klettermöglichkeiten in verschiedenen Höhen auch ein Sonnenplatz mittels Strahler einrichten lässt. Die Aufstellung robuster Topfpflanzen schafft auch hier schattige und feuchtere Bereiche und bietet Deckung. Das gelegentliche Übersprühen derselben bietet zusätzliche Gelegenheit zur Wasseraufnahme, ohne gleich Schimmelecken oder durchnässte Tapeten und Teppiche zu verursachen. Auch wenn die meisten Pantherchamäleons nach Eingewöhnung ihre bevorzugten Sonnen-, Schlaf- und sogar Kotplätze haben (die allerdings auch auf der Gardinenstange oder dem Regal liegen

können), empfiehlt es sich, ihnen einen eigenen Bereich abzutrennen. Dies kann z. B. mittels eines ausreichend hohen, in einer Zimmerecke oder vor dem Blumenfenster angebrachten Plexiglasstreifens erfolgen, der von den Tieren nicht überklettert werden kann. Neben dem Vorteil, dass kleine Kinder oder der Familienhund auf diese Weise am allzu innigen Kontakt gehindert werden, muss man auch nicht bei jedem Hinsetzen die Couch nach Tieren und deren Ausscheidungen absuchen oder die Tür beim Betreten des Zimmers in Zeitlupe öffnen. Bei der Haltung von Weibchen ist sicherheitshalber darauf zu achten, dass immer genügend substratgefüllte Plastikwannen oder große Pflanzkübel zur Verfügung stehen, damit auch im Falle von nicht erkannter Trächtigkeit ausreichende Ablagemöglichkeiten vorhanden sind. Mit etwas Erfahrung lassen sich aber auch gravide Tiere rechtzeitig erkennen und 2–3 Wochen vor der Eiablage in ein Terrarium setzen. Bei ausreichendem Platzangebot (*mindestens* die Summe der in der Einzelhaltung nötigen Volumina) lässt sich so auch oft die sonst meistens ausgeschlossene Paar- oder Gruppenhaltung (ein Männchen, 2–4 Weibchen) praktizieren, da den Tieren anscheinend schon die bloße Möglichkeit, sich aus dem Weg gehen zu können, für ein Sicherheitsgefühl ausreicht und sie dann auch Artgenossen in ihrer Nähe dulden. Hierfür sollten aber sowohl Sonnenplätze als auch Wasser- und Futterstellen mehrfach vorhanden sein (für jedes Individuum mindestens jeweils eine). Außerdem muss das Verhalten sorgfältig beobachtet werden, um die Tiere bei evtl. Unverträglichkeiten oder Stressanzeichen, die durch Paarungsaktivitäten, Trächtigkeit oder Jahreszeit auch in sonst harmonisierenden Gruppen auftreten können, sofort zu separieren. Bezüglich Temperaturen, Licht, Stressanfälligkeit und Nachtruhe gilt das in den vorhergehenden Kapiteln Gesagte analog auch für diese Haltungsmethode. Wenn die diesbezüglichen Ansprüche in den zur Verfügung stehenden Räumen nicht gewährleisten werden können, sollten die Pantherchamäleons besser in Terrarien untergebracht werden.

Freie Haltung auf dem Balkon oder im Garten

Einige Halter praktizieren auch eine zeitweise Unterbringung auf frei stehenden Büschen oder niedrigen Bäumchen im Garten bzw. auf Balkon oder Terrasse. Auch hierbei wird den Chamäleons ein geeigneter Bereich ausbruchsicher abgetrennt. Auf dem Balkon kann dies z. B. durch eine glatte und nahtlose Verkleidung der Brüstungsinnenseiten erfolgen. Auch eine geschützt stehende Kübelpflanze auf der Terrasse oder sogar ein frei stehendes Gehölz im Garten kann als Sommerfrische für die Chamäleons dienen, wenn sie weiträumig mit Glas oder Kunststoffplatten, evtl. auch einem glatt-

wandigen Mäuerchen eingefriedet werden und so eine Fluchtmöglichkeit zuverlässig ausgeschlossen wird. Versenken Sie die Umrandung aber tief genug im Boden, damit sie nicht untergraben werden kann, und verhindern Sie, dass Teile der Pflanzen über die Begrenzung stehen, fallen (z. B. durch Windbruch) oder im Laufe der Zeit wachsen! Obwohl das Pantherchamäleon über recht effektive Verteidigungsstrategien verfügt, möchten wir dazu raten, den Zugriff durch Fressfeinde (Katzen, Marder, Rabenvögel u. Ä.) zu verhindern. Dies kann z. B. mittels einer einfachen Lattenkonstruktion bespannt mit Maschendraht erfolgen. Dabei sollte allerdings darauf geachtet werden, dass diese von den Pantherchamäleons nicht erreicht werden kann, da die dünnen Drähte sowie die scharfen Kanten und Spitzen eine Verletzungsgefahr darstellen. Ebenso wird hierdurch vermieden, dass die durch die Maschen reichenden Zehen, Schwänze etc. von Prädatoren an- oder abgefressen werden können (besonders im Schlaf). Beim Beuteschuss durch die Öffnungen könnte sich außerdem die Zunge in den Drähten verfangen. Die gleichen Aspekte müssen bei der Verwendung von Gitterkonstruktionen (etwa bei großen Vogelvolieren) bedacht werden. Da so doch wieder eine Art Gehege entsteht, trifft der Begriff „freie Haltung" natürlich nicht mehr ganz zu, aber diese Schutzmaßnahmen kommen neben den Tieren auch den eigenen Nerven zugute. Regen, Tau und frei zugängliche Futtertiere reichen oftmals nicht zur Versorgung aus, daher muss auch bei dieser Haltungsform zugefüttert bzw. regelmäßig gewässert werden, auch um eine ausreichende Luftfeuchtigkeit zu erreichen. Aufgrund der vorherrschenden Temperaturen kommt diese Option auch nur für unsere Sommermonate in Frage, und auch hier sollte man die Tiere bei Kälteeinbrüchen ins Haus holen. Gut eingewöhnte, wenig scheue Exemplare können aber sehr wohl auch an milden Frühlings- oder Herbsttagen stundenweise nach draußen gesetzt werden und profitieren oft sichtbar von solchen „Luft- und Lichtduschen".

Wintergarten und Gewächshaus

Wintergarten und Gewächshaus bieten den Vorteil der im Vergleich zum Wohnraum erheblich höheren Lichtfülle und der meist deutlich erhöhten Luftfeuchtigkeit. Bei einer Aufstellung von Terrarien im Wintergarten oder Gewächshaus sollten diese Faktoren schon bei der Konstruktion der Behälter berücksichtigt werden. Hier können die Lüftungsflächen der Becken deutlich vergrößert werden, da ein feuchtwarmes Klima nicht in den Terrarien erzeugt werden muss, sondern bei entsprechender Pflanzenausstattung im gesamten Raum vorherrscht. Als Nebeneffekt helfen größer dimensionierte Gazeflächen, eine Überhitzung durch den doppelten „Treibhauseffekt" (Verglasung des Raumes plus Verglasung des Terrariums) zu vermeiden. Bei einer freien Haltung im Wintergarten oder Gewächshaus kommt das vorhandene Raumklima den Tieren unmittelbar zugute, sodass sich ein eigener kleiner Urwald gestalten lässt. Auch bei dieser Methode muss aber darauf geachtet werden, dass die Temperaturen im verträglichen Bereich bleiben. Besonders in Gewächshäusern entstehen oft Temperaturspitzen durch sehr schnelle Aufheizung oder Abkühlung, denen sich durch Austausch von Glasscheiben gegen Lüftungsflächen, Beschattungs- und Lüftungssysteme, oder Installation von Strahlern und Flächenheizkörpern entgegenwirken lässt. Wintergärten verfügen als zumindest saisonal genutzter Wohnraum häufig über entsprechende technische Ausstattung (Heizungen, Außenjalousien, thermostatgesteuerte Lüftungen u. Ä.), sodass sich die in Frage kommende Saison auch für das Pantherchamäleon bis zur ganzjährigen Nutzung des geheizten Wohnwintergartens verlängern lässt. Gewächshausverglasungen bestehen oft, die Außenhüllen von Wintergärten gelegentlich aus Kunststoffplatten. Informieren Sie sich, ob das verwendete Material durchlässig für UV-Anteile des Lichtes ist (Fensterglas filtert diese Bestandteile heraus), und berücksichtigen Sie dies bei der Vitaminisierung des Futters bzw. beim Einsatz zusätzlicher Strahler.

Vergesellschaftung

Auch wenn auf Madagaskar gelegentlich mehrere Individuen auf einer recht kleinen Fläche, zeitweise sogar in unmittelbarer Nähe zueinander, angetroffen werden können, sehen wir das Pantherchamäleon grundsätzlich als Einzelgänger an. SCHMIDT & HENKEL (1989) fanden in einem etwa 100 m^2 großen Garten innerhalb kurzer Zeit 30 Exemplare. NECAS (1999) erwähnt ein Exemplar auf einigen Quadratmetern, wir konnten ca. 4 m als Minimaldistanz zwischen Individuen des Pantherchamäleons feststellen. Dem sollte aufgrund der selbst bei großen Terrarien stark eingeschränkten Bewegungs- und Fluchtmöglichkeiten in menschlicher Obhut Rechnung getragen werden. Die Einzelhaltung in separaten Behältern ohne Blickkontakt empfehlen wir also besonders dem Einsteiger, der noch nicht über ausreichende praktische Erfahrung mit dieser Art verfügt, dringend! Gruppen- oder Paarhaltung können zeitweise, insbesondere in der aktivitätsärmeren, kühlen Phase, funktionieren, wenn sehr große, gut strukturierte Gehege (von Terrarien kann bei den erforderlichen Abmessungen kaum noch gesprochen werden) oder besser in freier Haltung ganze Räume zur Verfügung stehen. Der Halter sollte aber Färbung und Verhalten seiner Tiere aufmerksam beobachten und deuten können, um bei Unterdrückung oder Unverträglichkeit rechtzeitig zu reagieren. Die Vergesellschaftung mehrerer Männchen verbietet sich, da schwächere Exemplare auch ohne körperlichen Kontakt durch die Präsenz stärkerer Artgenossen ständig unterdrückt würden. Auch die gemeinsame Haltung mit anderen Chamäleonarten möchten wir deshalb zum beidseitigen Nutzen ausschließen.

Sollen andere Reptilien- oder Amphibienarten das Terrarium mit dem Pantherchamäleon teilen, sind einige Faktoren zu bedenken. Bei seiner Größe ist das Pantherchamäleon sicherlich in der Lage, andere Terrarienbewohner bis zur Größe eines mittleren Geckos zu überwältigen (siehe Kapitel Ernährung)! Außerdem stellen

Räumliche Nähe kann beim Pantherchamäleon zu extremen Stressreaktionen führen. Fotos: K. Liebel

Auch in großen Anlagen können mehrere Männchen nicht vergesellschaftet werden. Foto: R. Müller

lebhaft im Terrarium herumspringende Mitbewohner und potenzielle Nahrungskonkurrenten für unsere Chamäleons einen zusätzlichen Stressfaktor dar. Ein weiterer kritischer Punkt betrifft die Übertragung von Krankheitserregern. Praktisch jedes Terrarientier ist Träger von Bakterien und anderen Mikroorganismen, mit denen es in einem gewissen Gleichgewicht lebt. Bei Übertragung auf andere Arten, besonders auf nicht näher verwandte, deren Immunsystem anders arbeitet, besteht die Gefahr, dass gegen diese Erreger keine natürlichen Abwehrkräfte bestehen und sie pathogen (krankheitserregend) werden. Trotz Berichten über Vergesellschaftung (z. B. mit großen Geckos) bevorzugen wir aufgrund dieser Überlegungen die strikte Einzelhaltung, zumal sie eine bessere Kontrolle, etwa der individuellen Futteraufnahme, zulässt.

Ernährung und Wasserversorgung

Das Pantherchamäleon gehört wie alle Chamäleons zu den carnivoren (fleischfressenden)

Pantherchamäleons ernähren sich hauptsächlich von Wirbellosen. Foto: B. Love/Blue Chameleon Ventures

Der im Text beschriebene Fall von Kannibalismus Foto: N. Lutzmann

als Nahrung. NECAS (1999) vermutet aufgrund der Reaktion von *Furcifer pardalis* auf kleine Schlangen, dass sogar diese in der Natur als Beute dienen könnten. Bei MÜLLER und WALBRÖL wurden im Terrarium teilweise nestjunge Mäuse angenommen, missgebildete Schlüpflinge der eigenen Art als Futter aber abgelehnt.

Naturbeobachtungen zur Phytophagie, also zum Fressen von Pflanzen, liegen z. B. von RISLEY (1997) vor: Eine Population bei Joffreville (Amboohitra) verspeiste dunkle Beeren, die deshalb von den Eingeborenen „chameleon bananas" genannt wurden. SCHMIDT et al. (1996) berichten von bei Magenuntersuchungen frei lebender Exemplare gefundenen Samen. Die Aufnahme von Pflanzenteilen wird von mehreren Autoren mit dem Wasserhaushalt in Verbindung gebracht (NECAS 1999; MASURAT 2000; DOST 2001). Tatsächlich würde die Fähigkeit, pflanzliche Nahrung erkennen und verwerten zu können, zumindest theoretisch einen Überlebensvorteil bei Wassermangel darstellen. In der Zusammenstellung vieler publizierter Fälle von Phytophagie bei Chamäleons hat LUTZMANN (2000) dies jedoch angezweifelt, da ebensoviele Arten Phytophagie betreiben, die in feuchten bis sehr feuchten Gebieten leben.

Die gelegentliche Gabe von Obst und Gemüse darf eine Fütterung mit Wirbellosen also höchstens ergänzen und in keinem Fall zu einer reduzierten Wasserversorgung führen! Einige unserer Tiere nehmen gelegentlich süßes Obst wie Nektarinen oder Bananen, aber auch rohe Champignons an. BRENDICK (mündl. Mittlg.) berichtet von einer Aufnahme von Erdbeeren. Nach SCHMIDT et al. (1996) fressen einige Exemplare im Terrarium auch *Tradescantia*, *Pothos* und Blüten. Individuelle Vorlieben können und sollten durch Ausprobieren ermittelt werden.

Echsen. Es ernährt sich hauptsächlich von lebenden Wirbellosen wie Spinnen, Insekten u. Ä., aber auch eine gelegentliche Aufnahme von kleinen Säugern, Vögeln, Reptilien und Amphibien scheint nicht unüblich zu sein. Während KREFFT (1909) in seinem Reisebericht erwähnt, dass zu Pantherchamäleons gesetzte Phelsumen nicht angegriffen wurden, beobachtete HALLMANN (mündl. Mittlg.) in Tamatave, dass der Taggecko *Phelsuma pusilla* der örtlichen Pantherchamäleon-Population regelmäßig zur Erweiterung ihrer Speisekarte diente. Auch SCHMIDT et al. (1996) berichten, dass weibliche Pantherchamäleons gern kleine Phelsumen fressen, ein Weibchen soll sogar einen Pfeilgiftfrosch, *Dendrobates tricolor*, verspeist haben. Touristenführer in Maroansetra berichteten von Kannibalismus, der von LUTZMANN durch ein Missgeschick auch bestätigt werden konnte. Ein relativ kleines Pantherchamäleon wurde während Felduntersuchungen in einen Behälter gesetzt, der bereits durch ein deutlich größeres Exemplar belegt war. Kurze Zeit später war es schon halb verspeist. Auch HAUSCHILD et al. (1993) erwähnen kleinere Echsen – einschließlich der eigenen Artgenossen – sowie Jungvögel

Manche Exemplare nehmen auch gelegentlich Bananen oder andere pflanzliche Nahrung auf.
Fotos: R. Müller

Die steigende Beliebtheit des Hobbys Terraristik brachte es erfreulicherweise mit sich, dass neben allerlei Spezialprodukten auch Futterinsekten vielerorts erhältlich sind. In fast jeder größeren Stadt findet sich inzwischen ein spezialisiertes Geschäft, in dem sich die gebräuchlichsten Futtertiere erwerben lassen. Außerdem bieten die inzwischen regelmäßigen lokalen Börsen sowie Insektenzüchter, die den Versand offerieren, die Möglichkeit, die Grundversorgung mit lebendem Futter sicherzustellen. Ob zum Abpuffern evtl. doch auftretender Lieferengpässe eine eigene Futtertierzucht betrieben werden sollte, muss jeder für sich entscheiden. Neben dem Kostenvorteil bietet eine solche Eigenproduktion die Sicherheit einer eigenen Qualitätskontrolle bezgl. Hygiene und Versorgung der Insekten. Auf der anderen Seite stehen der Zeitaufwand, der für eine saubere Futtertierzucht oft sogar noch größer ausfallen kann als für die Pflege der Chamäleons selbst, evtl. auftretende Geräusch- und Geruchsbelästigung sowie die Frage, was mit den überzähli-

gen Futtertieren passieren soll. Oft lohnt sich die eigene Anlage eines regen Futterzuchtbetriebes also erst ab einer gewissen Anzahl an Terrarienpfleglingen. Über ein gewisses Kontingent an kleinen Plastikterrarien oder anderen Vorratsbehältern sollte dennoch jeder Chamäleonpfleger verfügen, um seine erworbenen Futtertiere zumindest einige Tage bis Wochen zwischenhältern zu können. Die so genannten „Heimchendosen", die zum Verkauf und Versand Verwendung finden, eignen sich hierfür nicht. Diese Zeit zwischen Erhalt und Verfütterung gibt uns außerdem die Gelegenheit, sowohl auf „blinde Passagiere" (z. B. Milben, Getreideschimmelkäfer, Mehlmotten) aufmerksam zu werden, als auch die Futtertiere hochwertig anzufüttern.

Damit kommen wir zum viel diskutierten Thema „Vitamin- und Mineralstoffversorgung". Dass selbst das heutzutage erhältliche Futtertierspektrum, das neben dem früher fast ausschließlich angebotenen Mehlwurm auch manche Exoten bereithält, es nicht mit der Bandbreite des in der Natur zur Verfügung stehenden Futters und dessen Inhaltsstoffen aufnehmen kann, dürfte unbestritten sein. Auf Madagaskar kommen vorsichtig geschätzt 100.000 Invertebraten (Wirbellose) vor, denen u. a. mehr als 10.000 Arten der Blütenpflanzen (z. B. GLAW & VENCES 1994) als „Rohstofflieferanten" zur Verfügung stehen. Neben dem Anbieten möglichst vielfältiger Futtertiere kommen wir also um deren Aufwertung nicht herum, wenn wir unsere Chamäleons gesund erhalten und angemessen versorgen wollen. Prinzipiell kann dieses auf zwei Arten erfolgen, die sich gegenseitig nicht ausschließen und auch sinnvoll kombiniert werden können. Zum einen werden pulverförmige Nahrungsergänzungspräparate verwendet, um die Futtertiere vor der Verfütterung einzustäuben, oder flüssige, um das Trinkwasser hiermit zu versetzen. Von der teilweise praktizierten direkten Applikation der Vitaminpräparate ins Maul der Cha-

Eine Aufwertung der Futtertiere kann durch Einstäuben und durch Anfüttern der Insekten erfolgen.
Fotos: R. Müller

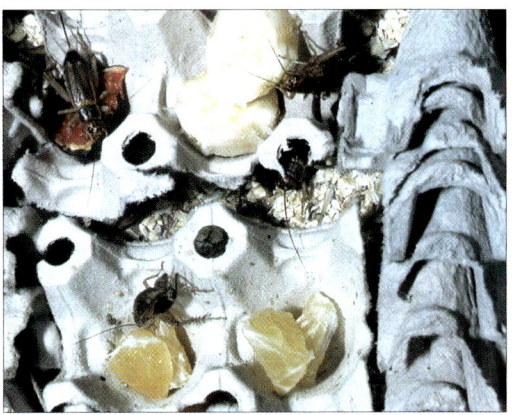

mäleons möchten wir wegen der Verletzungsgefahr abraten. Neben dem altbewährten „Korvimin ZVT" (über den Tierarzt erhältlich) und anderen Produkten aus der Vogelzucht (z. B. Calcamineral) steht inzwischen auch eine fast unüberschaubare Palette spezieller Reptilienpräparate zur Verfügung, die im Fachhandel erhältlich sind. Das Problem, das sich bei den genannten Methoden ergibt, betrifft die richtige Dosierung. Neben der Frequenz, mit der das Futter eingestäubt wird, spielen auch die Haftfähigkeit des Präparates, die Oberflächenbeschaffenheit und die Größe der Futtertiere sowie die Zusammensetzung und das Alter des verwendeten Mittels eine Rolle. Durch das Einstäuben von Obstfliegen mit ihrer behaarten, in Relation zur Körpermasse größeren Körperoberfläche wird den Chamäleons viel mehr Pulver verabreicht, als dies mittels einer *Zophobas*-Larve möglich ist. Auch beim Vergleich der Inhaltsstoffe wird schnell klar, dass die gleiche Menge verschiedener Präparate nicht die gleichen Gewichtsanteile an Wirkstoffen enthält, die ja auf das Körpergewicht des Chamäleons abgestimmt werden müssen. Eine gewisse Skepsis ist bei kombinierten Vitamin-Mineralstoff-Mischungen angebracht, denn diese beeinflussen sich z. T. bei längerer Durchmischung in ihrer Wirksamkeit. Auch andere Umstände spielen in diesem Zusammenhang eine Rolle. Wie weiter oben bereits erwähnt, sollte z. B. bei einer Haltung unter ungefiltertem Sonnenlicht die Gabe von Vitamin D_3 stark reduziert werden, da dieses von den Chamäleons im eigenen Körper synthetisiert wird. Als fettlösliches Vitamin besitzt Vitamin D genau wie die Vitamine A, E und K zudem die Eigenschaft, sich im Körper der Reptilien anzureichern, sodass es schnell zu einer Hypervitaminose kommen kann, also einer Erkrankung aufgrund einer Überdosierung. Diese kann ähnlich fatale Folgen für unsere Pfleglinge haben wie eine Hypovitaminose, Mangelerscheinungen aufgrund von Unterversorgung mit Vitaminen. In diesem Zusammenhang möchten wir ausdrücklich darauf hinweisen, dass therapeutische Vitamingaben nur unter Kontrolle eines Tierarztes verabreicht werden dürfen! Wir konnten bei unseren Tieren z. B. zeitweise ödemartige Verdickungen im Kehlbereich feststellen, besonders bei höheren Vitamin- und Wassergaben während der Trächtigkeit und der Aufzucht, die man vielleicht auf unausgewogene Vitaminanteile der verwendeten Präparate zurückführen kann.

Um dieses und ähnliche Probleme zu vermeiden, bietet sich der „natürlichere" Weg des so genannten „gut loading" an. Hierbei handelt es sich um eine hochwertige Anfütterung der Futtertiere, die Inhaltsstoffe werden den Chamäleons also indirekt zugeführt. Die Vorteile dieser Methode liegen hauptsächlich in folgenden Punkten: Überdosierungen von Vitaminen lassen sich durch Verwendung von Vorstufen vermeiden, z. B. durch Verfütterung von Obst und Gemüse mit Beta-Karotin-Anteil, aus welchem die Tiere selber die benötigte Menge Vitamin A synthetisieren. Vitamine, Spurenelemente und Mineralstoffe, die in Form von Obst, Gemüse, Kräutern, Pollen usw. verabreicht werden, sind auf natürliche Art und Weise gebildet worden und oft verträglicher und wirksamer als chemisch hergestellte. Ergänzend kommen den Chamäleons auch andere von den Futtertieren aufgenommene Substanzen zugute, z. B. Ballaststoffe aus Kleie und Vollkornflocken oder Bakterienkulturen aus Jogurt, und unterstützen die Verdauung. Ein Widerspruch ergibt sich durch Ergebnisse einer Untersuchung von HATT et al. (2003). Es konnte bei unterschiedlich ernährten Heimchen nach 7, 14 und 21 Tagen keine signifikant abweichende Nährstoffzusammensetzung nachgewiesen werden. Auffällig sind allerdings der niedrigere Fettgehalt von ausschließlich mit Salat gefütterten Heimchen und der relativ hohe Vitamin-A-Anteil bei Ernährung mit kommerziellem Grillenfutter. Die guten Erfahrungen mit der Anfütterung von Futtertieren resultieren daher wahrscheinlich zum Großteil aus der Verwertung des Magen-Darm-Inhaltes der Wirbellosen (HATT, mündl. Mittlg.). Um einen möglichst hohen Anteil an wirksamen Nährstoffen zu gewährleisten, ist also darauf zu achten, dass die Futtertiere möglichst zeitnah mit hochwertigem Futter „angefüllt" werden. Ein weiterer ernährungsrelevanter Aspekt ergibt sich aus der oben angeführten Studie: Das grundsätzlich ungünstige Verhältnis von Kalzium zu Phosphor in Futtertieren lässt sich offensichtlich durch deren Anfütterung nicht wesentlich verbessern. BRUSE et al. (2003) weisen auf den generell verschwindend geringen Anteil der Mineralstoffe Phosphor und Kalzium in Insekten hin (0,3–1,2 %). Deshalb stäuben wir die Futtertiere ein- bis dreimal wöchentlich zusätzlich mit einer geringen Menge eines phosphorfreien Mineralstoffpräparates (z. B. „Miner-All") ein.

Das von uns verwendete „Miner-All" ist praktischerweise ohne und mit Vitamin-D$_3$-Anteil erhältlich, sodass es sich unter verschiedenen Haltungsbedingungen einsetzen lässt (Terrarienhaltung im Zimmer, Bestrahlung mit UV-Licht, Freilandhaltung). Außerdem wird das Futter für Individuen mit besonders hohem Bedarf, etwa trächtigen Weibchen, erkrankten Tieren während oder nach ihrer Behandlung oder Jungtieren in der Wachstumsphase, etwa einmal wöchentlich mit einem Vitaminpräparat (z. B. „Amivit R", E.N.T., Bocholt) bestreut.

Gelegentlich konnten Pantherchamäleons bei der Aufnahme von Substratteilen beobachtet werden; wer möchte, kann also auch Kalk in Form von Sepiaschulp-Brocken o. Ä. in einem Schälchen anbieten. Im Folgenden listen wir die gebräuchlichsten Futterinsekten und Möglichkeiten zu ihrer Aufwertung kurz auf.

Grillen/Heimchen

Haltung auf Kleie, Vollkornflocken. Anfütterung mit verschiedenen Obst- und Gemüsesorten.

Besonders in kleinen Entwicklungsstadien auch mit Fischfutterflocken. Blütenpollen, Jogurt und Babybrei werden ebenfalls gerne genommen. Es werden verschiedene Arten angeboten.

Heuschrecken

Ebenfalls in verschiedenen Arten erhältlich. Haltung auf Kleie/Vollkornflocken. Anfütterung mit unterschiedlichen Wildkräutern und Gräserarten, im Winter mit selbst gezogenen Getreidekeimen. Verschiedene Salatarten, Petersilie und andere Küchenkräuter werden auch gefressen (ausprobieren), keinen Kohl oder Lauch verfüttern, Futter sorgfältig abwa-

Die Gewöhnung an die Pinzette bietet verschiedene Vorteile, die Fütterung sollte aber wegen der Reizarmut nicht ausschließlich auf diese Weise erfolgen. Foto: R. Müller

schen und trocknen. Heuschrecken bilden zusammen mit Grillen und Heimchen meist das Grundfutter für Pantherchamäleons im Terrarium.

Schaben

Gut züchtbare Futtertiere, Anfütterung mit verschiedenen Obst- und Gemüsesorten. Aufgrund des relativ harten Chitinpanzers lieber in kleinen Entwicklungsstadien verfüttern, um Verletzungen des Maules vorzubeugen.

Fliegen

Lassen sich nach Bedarf aus verschiedenen im Anglerfachhandel erhältlichen Maden heranziehen oder als flugunfähige Form im Terrarienhandel kaufen. Larven stehen in dem Ruf, sehr widerstandsfähig gegen die Verdauung zu sein und möglicherweise innere Verletzungen hervorrufen zu können, deshalb sicherheitshalber nur Imagines (die geschlüpften Fliegen) verfüttern. Nach dem Schlupf der Fliegen diese mindestens zwei Tage mit Joghurt, Honig, Pollen, Lebertran, Vitamin-/Obstsäften oder Babybrei anfüttern. Sorgen als fliegendes Insekt für Aktivität bei den Pantherchamäleons.

Obstfliegen (*Drosophila*)

Lassen sich auf Obst-Haferflocken-Brei sehr gut nebenbei züchten und werden auch gerne von größeren Chamäleons geschossen. Außerdem ist man so ständig auf den Schlupf von Jungtieren vorbereitet. Auch hier die Imagines verwenden und mit frischem Obst oder Babybrei anfüttern.

Schwarzkäferlarven

Neben den altbekannten „Mehlwürmern" lassen sich auch *Zophobas*-Larven gut in Haferflocken/Kleie aufbewahren und vor ihrer Verfütterung mit Gemüse und Obststücken oder hochwertigem Fisch-Flockenfutter aufwerten. Harter Chitinpanzer, sehr fettreich, am besten frisch gehäutet und nur gelegentlich als Beifutter verwenden.

Wachs-/Mehl-/Dörrobstmotten und ihre Raupen

Motten stellen durch ihre ungleichmäßigen Bewegungen ein besonderes Reizfutter dar, das Abwechslung in den Terrarienalltag bringt. „Wachsmaden" sind im Terrarienhandel auf speziellem Nährsubstrat erhältlich. Mehl- und Dörrobstmotten können auf Vollkornflocken oder Fruchtmüsli (Dörrobstmotte) selber gezogen werden. Aber Vorsicht, entkommene Motten vermehren sich auch hervorragend in der Wohnung! Durch die Aufnahme des Nährsubstrates (Wachsmotte) bzw. die zur Wasserversorgung regelmäßig nötige Obstfütterung (Mehl-/Dörrobstmotten) sind sowohl fertig entwickelte Motten als auch die Raupen „vorvitaminisiert". Da die Raupen einen hohen Fettanteil aufweisen, sollten sie nicht zu oft verfüttert werden, auch wenn sie, vermutlich durch ihre helle Farbe und die Kriechbewegungen, selbst Futterverweigerer oft zur hastigen Futteraufnahme bewegen. Besonders die kleineren Mottenarten stellen als Imago eine ausgezeichnete Ergänzung des Futterspektrums für Jungtiere dar.

Stabheuschrecken

Lassen sich sehr leicht in kleinen und mittleren Terrarien nachziehen. Die üblicherweise in der Terraristik kursierenden Arten ernähren sich von frischen Blättern der Rosaceae (z. B. Rosen, Himbeeren, Brombeeren), die man teilweise auch im Winter ausreichend finden kann. Der Behälter sollte einen leicht feuchten Bodengrund aufweisen und jeden Tag kurz übersprüht werden. Alle Entwicklungsstadien werden von Pantherchamäleons entsprechender Größe sehr gerne als Futter angenommen.

Andere Futtersorten

Daneben bieten gelegentlich auf Börsen erhältliche Exoten wie Gespenstheuschrecken, Gottesanbeterinnen, Ofenfischchen und Asseln (reich an Kalzium) eine willkommene Abwechslung auf dem Speiseplan. Adulten Tieren bieten wir je nach individueller Vorliebe selten eine nestjunge Maus an, die wir mit geriebenem

Sepiaschulp aufwerten, um das noch nicht ausreichend kalzifizierte Skelett auszugleichen. Wann immer sich die Möglichkeit ergibt, sollte den Chamäleons außerdem so genanntes „Wiesenplankton" gereicht werden, also von Wiesen und Büschen gekescherte Wirbellose. Dieses Futter stellt durch seine Vielfalt und Inhaltsstoffe tatsächlich so etwas wie „eingefangenen Sonnenschein" dar und muss nicht mehr eingestäubt oder angereichert werden. Dass hierbei nur Fänge von nicht gespritzten, unbelasteten und entfernt von Straßen liegenden Fundorten verwendet werden dürfen, sollte ebenso selbstverständlich sein, wie die Beachtung des Natur- und Artenschutzes (viele der potenziellen Futtertiere sind streng geschützt und dürfen der Natur nicht entnommen werden).

Während adulten Exemplaren 1–2 Fastentage in der Woche gut bekommen, sollte trächtigen Weibchen und Jungtieren während der ersten Monate täglich Futter angeboten werden. Wird eine kühlere Phase simuliert, sollten auch Menge und Häufigkeit der Futtergaben reduziert werden. Oft legen die Tiere dann auch von sich aus mehrtägige Futterpausen ein. Grundsätzlich gilt bei der Bemessung der Futtergaben: Qualität vor Quantität. Man trifft in Menschenobhut nur selten auf unterernährte, aber sehr oft auf verfettete Pantherchamäleons.

Besonders bei geringer Luftfeuchtigkeit sollte zusätzlich mit der Pipette getränkt werden. Fotos: R. Müller

Trinkwasser muss ganzjährig mindestens ein- bis zweimal täglich, bei höheren Temperaturen öfter, in geeigneter Form zur Verfügung stehen. Nur wenige Exemplare lernen, unbewegtes Wasser aus einem Napf anzunehmen. Chamäleons müssen deshalb Wassertropfen angeboten werden, die von Blättern oder Ästen geschossen oder direkt aufgenommen werden. Am einfachsten bietet man Wasser durch Überbrausen oder Einnebeln des gesamten Beckens an, entweder per Hand oder durch weiter oben beschriebene Regen- und Nebelanlagen. Obwohl die Tiere wahrscheinlich auch in der Natur den einen oder anderen Regenguss abbekommen, sollte man darauf achten, ihnen nicht in die Augen zu sprühen. Außerdem sollten die Tropfen von den Tieren auch lange genug erreicht werden können, um ihren Wasserbedarf zu decken. Ein scheues Exemplar hat nichts davon, wenn es sich beim manuellen Einnebeln des Behälters versteckt und die Wassertropfen schon wieder verschwunden sind, sobald es aus seiner Deckung hervorkommt. Deutlich verlängern lassen sich diese Zeiten durch die Verwendung von „Tropftränken", die in ihrer einfachsten Form aus einem auf dem Terrariendeckel stehenden Plastikbecher o. Ä. bestehen, in den mit einer Nadel ein passendes Loch gestochen wird. Größere Vorratsbehälter, über dem Becken platziert und mit einem Luftschlauch aus der Aquaristik und passender Klemme bestückt, verlängern die Tropfzeit nochmals erheblich. Fertige Tropftränken aus dem Terraristikhandel und „Infusionsbestecke" aus der

Humanmedizin funktionieren nach dem gleichen Prinzip. Pumpenbetriebene Tropfanlagen aus dem Zierpflanzenbereich lassen sich über Zeitschaltuhren steuern und ermöglichen eine mehrtägige Abwesenheit.

Als Trinkwasser sollte umgebungswarmes Leitungswasser verwendet werden, auch wenn es im Laufe der Zeit unschöne Kalkflecken hinterlässt. Destilliertes oder durch Umkehr-Osmose gewonnenes Wasser kann zu Mangelerscheinungen führen (NEUKIRCH, mündl. Mittlg.). Da die ausreichende Wasserversorgung für Pantherchamäleons einen wichtigen Faktor sowohl für das erreichbare Alter als auch für das Wachstum darzustellen scheint und Flüssigkeitsmangel sehr schnell zu Austrocknungserscheinungen und Organschäden führt, muss das Tränken mit großer Sorgfalt erfolgen. Bei freier Haltung oder anderweitig bedingter geringer Luftfeuchtigkeit sollten die Chamäleons möglichst zusätzlich mit der Pipette getränkt werden (siehe folgendes Kapitel).

Wesen, Gewöhnung und Handhabung

Pantherchamäleons sind genauso wenig wie andere Echsen „Schmusetiere" zum Kuscheln und Drücken, sondern ihr Reiz liegt in der eigenwilligen Morphologie und den interessanten Verhaltensweisen sowie der erfolgreichen Haltung und Nachzucht an sich. Eine Beziehung, wie sie z. B. Hunde oder Katzen zu ihren Pflegern entwickeln, wird sich bei ihnen nicht einstellen. Dennoch sind Pantherchamäleons in der Lage, die Nähe von Menschen zu tolerieren und einen gewissen Bezug zu ihrem Pfleger aufzubauen. Neben Lerneffekten durch Konditionierung, wie der Reaktion auf ein wiederholt zur Fütterung verwendetes Insektengefäß oder die allmorgendlich auftauchende Blumenspritze, konnten wir auch ein ausgeprägtes Vermögen zur Personenerkennung beobachten. So fällt die Begrüßung des „guten" Pflegers, der sonst das Futter bringt, deutlich entgegenkommender aus, als die des „bösen", der die Ent-

Das „Herausnehmen" sollte möglichst stressfrei erfolgen. Die Bildfolge demonstriert eine schonende Methode.
Fotos: R. Müller

wurmung vorgenommen hat oder für andere „Zwangsmaßnahmen" verantwortlich war. Interessanterweise lässt sich diese Rollenverteilung umdrehen, und die Tiere zeigen durch ihre veränderten Reaktionen, dass sie verschiedene Personen sehr gut zuordnen können. Sogar eine „Erinnerung" an gewisse Merkmale dieser eigenartigen Zweibeiner scheint bei einigen Exemplaren vorhanden zu sein: So zeigte unser erstes Pärchen eine ausgeprägte Abneigung gegen hellhaarige Brillenträger, die sofort bei Erscheinen angedroht und angefaucht wurden, während sie sich dunkelhaarigem Besuch ohne Brille zutraulich und überhaupt nicht aggressiv präsentierten. Erst nach einiger Zeit fiel uns auf, dass in dem „Zoogeschäft", aus dem die Tiere stammten, ausschließlich blonde Brillenträger arbeiteten. Die unzumutbare Unterbringung und der ruppige Umgang mit den Chamäleons dort hatte möglicherweise einen bleibenden Eindruck hinterlassen.

Diese „kognitiven Fähigkeiten" der Pantherchamäleons können uns die Eingewöhnung erleichtern. Grundsätzlich sollten alle Arbeiten im und rund um das Terrarium langsam und ruhig erfolgen. Das Pantherchamäleon beobachtet in der Regel jede Bewegung in seiner Umgebung sehr sorgfältig von seinem Sitzplatz aus, ohne wilde Fluchtreaktionen zu zeigen. So können z. B. Reinigungsarbeiten im geöffneten Behälter ohne Hektik erfolgen. Wird eine gewisse Distanz zum Tier unterschritten, zeigen einige Exemplare durch seitliches Drohen und Fauchen ihr Unbehagen an. Wenn möglich, sollte dann, zumindest in der Eingewöhnungszeit, die Tätigkeit unterbrochen und zu einem günstigeren Zeitpunkt fortgesetzt werden. Die Wahrscheinlichkeit, dass unser Tier Zutrauen aufbaut und evtl. später sogar von sich aus den Arm des Pflegers aufsucht, steigt umso mehr, je weniger Störungen und Stresssituationen es erlebt. Auch wenn es starke individuelle Unterschiede zwischen einzelnen Tieren gibt, wird ein Neuzugang, der ständig zwangsweise vom Ast gerissen und untersucht oder dem Besuch präsentiert wurde, auf spätere Annäherungen wohl

mit Scheu oder Aggressivität reagieren. Nach dem Aufbau eines gewissen Vertrauens in den Pfleger empfiehlt es sich, den Versuch zu unternehmen, die Tiere an das Tränken mittels einer Pipette sowie das gelegentliche Füttern mit der Pinzette oder Futterzange zu gewöhnen. Neben den Vorteilen, die dies z. B. bei „freier Haltung" (siehe oben) mit sich bringt, lassen sich so auch evtl. benötigte Medikamente oder Zusatzstoffe leichter verabreichen und Futtertiere anbieten, die sonst unkontrollierbar im Terrarium verschwinden würden (z. B. Schaben, Asseln). Diese Gewöhnung sollte schrittweise und mit Geduld erfolgen. Eine gute Methode besteht darin, das sonst übliche morgendliche Sprühen oder Beregnen auszusetzen und für das Chamäleon gut sichtbar in einiger Entfernung mittels Pipette (Apotheke oder Laborbedarf) Tropfen auf ein Blatt fallen zu lassen. Nachdem das Tier diese Wasserquelle erkannt und angenommen hat, kann die Distanz nach und nach verkürzt werden, bis das Chamäleon die an der Pipette austretenden Tropfen unmittelbar aufnimmt. Ähnlich kann beim Einführen der Pinzettenfütterung vorgegangen werden. Hierzu wird, am besten nach einem Fastentag, ein besonders begehrtes Futtertier wie eine Wachsmade oder eine *Zophobas*-Larve mit der Pinzette auf einen exponierten Platz gelegt. Nach wenigen Wiederholungen wird das Pantherchamäleon den Zusammenhang erkannt haben und Ihnen nicht einmal mehr die Zeit lassen, den so gereichten Leckerbissen zu platzieren. Diese Methoden sollten später gelegentlich wiederholt werden, um die Gewöhnung aufrecht zu erhalten, damit sie zum erforderlichen Zeitpunkt auch genutzt werden können. Eine vollständige Umstellung auf Handfütterung bzw. Tränken ist jedoch, falls nicht unbedingt nötig, zu vermeiden, da der relative Reiz- und Bewegungsmangel in Menschenhand hierdurch noch verstärkt würde.

Grundsätzlich sollte das Pantherchamäleon nicht zwangsweise aus seinem Behälter genommen werden; viele gut eingewöhnte Tiere kommen aber von sich aus gerne auf die dargereich-

Furcifer pardalis von **Reùnion** Foto: M. Grimm

te Hand und erweitern so gelegentlich ihren Bewegungsspielraum durch einen Zimmerspaziergang.

In manchen Situationen kann aber ein Herausfangen nötig sein, etwa beim Zusammensetzen oder Trennen von Paaren, dem Umsetzen in einen anderen Behälter oder zur genauen Untersuchung von Auffälligkeiten am Körper der Tiere. Hierzu sollte das Chamäleon niemals einfach von oben gegriffen und von seinem Sitzplatz gezerrt werden, da dies dem Prädatorengriff eines Fressfeindes entspräche und eine enorme Belastung bedeuten würde. Ersetzen Sie den Sitzplatz des Chamäleons durch ihre Hand, indem Sie diese langsam zwischen Ast und Bauchseite des Tieres schieben. Die zweite Hand kann das Pantherchamäleon dabei leicht von hinten anschieben und auch den „Ankerplatz" des Greifschwanzes ersetzen. Achten Sie beim Tragen der Tiere auf evtl. Stressreaktionen; manchmal lässt sich das Pantherchamäleon einfach auf den Boden fallen oder springt sogar aktiv von Arm oder Schulter ab. Mitunter kann leider auch eine Fixierung der Tiere erforderlich werden, z. B. um Häutungsreste zu entfernen oder andere Behandlungen vorzunehmen. Hierzu setzen Sie das Chamäleon am bes-

ten auf eine ebene, weiche Unterlage oder ihren mit einem Handtuch abgepolsterten Oberschenkel. Nun wird das Tier von oben mit *leichtem* Druck weitmöglichst umfasst. Die gespreizten Finger lassen hierbei den zu behandelnden Körperteil zugänglich. Bei größeren Exemplaren oder Arbeiten an Kopf und den beweglichen Extremitäten empfiehlt es sich, zu zweit zu arbeiten, um das Tier mit zwei Händen fixieren zu können.

Nur wenn eine orale Gabe von Medikamenten nicht über die freiwillige Annahme aus einer Pipette erfolgen kann, ist eine zwangsweise Verabreichung erforderlich. Hierzu wird dem fixierten Tier ein Kunststoff- oder Holzspatel (Laborbedarfhandel) quer ins Maul geschoben und dieses sehr behutsam geöffnet. Eine weitere Person kann nun mit einer Pipette vorsichtig das vorher dosierte Mittel in den Rachenraum applizieren. Hierbei ist darauf zu achten, dass weder Flüssigkeit noch Fremdkörper in das „Atemloch" unter der Zunge gelangen und eingeatmet werden! Nach Entfernen des Spatels erfolgt in der Regel das Abschlucken. Diese Methode kann, falls wirklich einmal nötig, auch zur so genannten Zwangsernährung angewandt werden, wenn hierfür eine Nährpaste wie z. B. Nutrical (über den Veterinär erhältlich) verwendet wird. Von einem Stopfen mit Insekten möchten wir abraten, da die Gefahr einer Verletzung des Mundraumes oder des empfindlichen Zungenapparates nicht unerheblich ist. Alle Zwangsmaßnahmen sollten wirklich nur im Notfall angewandt und vorsichtig, aber zügig und konsequent vollzogen werden. Die Belastung für das Tier ist bei einem einmaligen beherzten Eingriff geringer, als wenn mehrmals zögerlich vorgegangen und immer wieder abgebrochen wird. Die Reaktionen des Pantherchamäleons können mit beachtlicher Schnelligkeit und Kraft erfolgen. Stellen Sie sich hierauf genauso ein wie auf einen möglichen Biss – der bei adulten Individuen schon ganz ordentlich „zwicken" kann – um nicht aus Überraschung den Griff zu lockern oder das Tier versehentlich zu verletzen!

Krankheiten

Eine der Eigenschaften, die *Furcifer pardalis* zu einem idealen Einsteigerchamäleon machen, ist die relative Robustheit gegenüber Erkrankungen und bei gut eingewöhnten Adulti die Verträglichkeit notwendiger Behandlungsmaßnahmen. Dies darf Sie aber nicht zu einer mangelnden Sorgfalt in der Unterbringung, Hygiene, Versorgung und im Umgang verleiten. Nahezu alle Störungen und Erkrankungen sind auf Fehler in der Haltung zurückzuführen. Ein tiergerecht untergebrachtes und ausgewogen ernährtes Pantherchamäleon besitzt ein stabiles Immunsystem und kann die meisten Attacken von Krankheitserregern erfolgreich abwehren. Suboptimale Haltungsbedingungen und außergewöhnliche Stresssituationen verschieben aber das normalerweise vorhandene „Gleichgewicht" zwischen Mikroorganismen und Abwehrfähigkeit des Chamäleons und erhöhen so die Gefahr eines Krankheitsausbruches. Eine angemessene Hygiene durch tägliches Entfernen von Kot und verendeten Futtertieren sowie nötigenfalls Austausch von Teilen der Einrichtung und des Bodengrundes hält die Erregerzahl so gering wie möglich. Mindestens einmal jährlich sollte eine Grundreinigung des komplett ausgeräumten Behälters erfolgen, bei dem auch ramponierte oder zu groß gewachsene Pflanzen ausgetauscht werden. Bei Haltung mehrerer Tiere vermindert die Verwendung von jeweils einem eigenen Satz Pflegeutensilien (Pipette, Pinzette, Löffel zur Kotentfernung, Tücher, Futternapf usw.) pro Tier die Gefahr der Übertragung evtl. vorhandener Krankheitserreger. Aus dem gleichen Grund sollte die Verwendung bereits benutzter Einrichtungsgegenstände oder das Anbieten nicht gefressener Futtertiere aus anderen Terrarien unterbleiben. Das sorgfältige Händewaschen vor und nach dem Umgang mit einem Tier sollte eine Selbstverständlichkeit sein. Eine nicht sachgemäße Haltung und Verpflegung kann auch unmittelbar zu Störungen und Mangelerscheinungen führen.

Da wir der Meinung sind, dass ernsthafte Erkrankungen nur in Zusammenarbeit mit einem reptilienerfahrenen Veterinär (zu erfragen bei erfahrenen Haltern, der AG-Chamäleons in der DGHT, in veterinärmedizinischen Labors oder in Zoologischen Gärten/herpetologischen Einrichtungen oder nachzulesen auf der Internet-Seite der DGHT) behandelt werden sollten, beschränken wir uns an dieser Stelle auf Tipps zur Erkennung und ersten Maßnahmen bei den häufigsten Störungen und Krankheitsbildern.

Häutungsschwierigkeiten

Die oberste Schicht der Chamäleon-Epidermis besteht aus toten Keratinzellen. Da diese Schicht nicht mitwachsen kann, das Panther-

Für eine problemlose Häutung ist eine hohe Luftfeuchtigkeit erforderlich. Foto: R. Müller

chamäleon aber wie alle Reptilien ein so genanntes unbegrenztes Wachstum aufweist, muss es sich während des gesamten Lebens häuten. Sowohl die Abstände zwischen den Häutungen als auch die Dauer des Häutungsvorganges nehmen mit dem Alter zu. Jungtiere streifen ihre Haut meist innerhalb von Stunden ab, alte Tiere benötigen oft mehrere Tage. Störungen werden in erster Linie durch zu niedrige Luftfeuchtigkeit hervorgerufen. Die äußere Epithelschicht kann sich dann nicht von den unteren Hautschichten ablösen. Wenn auch eine Erhöhung der Luftfeuchtigkeit oder ein Besprühen der betroffenen Hautpartien mit lauwarmem Wasser nicht zu einer anschließenden selbsttätigen Ablösung führen, müssen die alten Hautfetzen manuell entfernt werden, damit es zu keiner Verpilzung oder Infektion kommt. Hierfür können die betroffenen Stellen mit einer handwarmen Kamillenlösung (z. B. Kamilosan) eingeweicht und verbliebene Hautfetzen vorsichtig mit einer stumpfen Pinzette, am besten aus Kunststoff, gelöst werden. Besonders die ringförmigen Reste an Extremitäten sind unbedingt zu entfernen, da sie zu einer Abschnürung und dem Absterben des betroffenen Körperteils führen können.

Verletzungen der Haut

Trotz aller Vorsichtsmaßnahmen kann es manchmal zu oberflächlichen Verletzungen kommen, wenn die Chamäleons zu ungestüm bei der Paarung oder der Jagd auf ein begehrtes Futtertier vorgehen. Meist heilen diese Stellen von alleine gut aus. Zur Vermeidung von Infektionen kann ein chlorhexidinhaltiges Gel (erhältlich beim Tierarzt) aufgetragen werden. Auch mit „Panolog"-Salbe (Novatis) haben wir gute Erfahrungen gemacht. Sie wirkt antibiotisch und antimykotisch, beugt also auch einer Verpilzung vor (ebenfalls vom Tierarzt). Nicht entzündete Wunden heilen z. B. auch gut mit „Regepithel" von Alcon (aus der Apotheke). Bei bereits verschorften Wunden kann „Bepanthen" (Hoffmann La Roche AG) den Heilungsprozess unterstützen. Kommt es dennoch zu

einer Entzündung oder Schwellung der betroffenen Bereiche, oder bleiben sie dauerhaft offen, ist umgehend ein Tierarzt zu Rate zu ziehen. Bei nachfolgenden Häutungen müssen diese Stellen besonders sorgfältig kontrolliert werden.

Dehydration

Die „Austrocknung" ist häufig an frisch importierten Tieren sowie öfters an Exemplaren anzutreffen, die bei mangelnder Luftfeuchtigkeit (z. B. bei freier Zimmerhaltung) oder ohne ausreichende Trinkmöglichkeit gehalten wurden. Im akuten Stadium besteht die Gefahr eines Organversagens oder Kreislaufkollapses. Austrocknung (Dehydration) ist an eingefallenen Augen, Flanken und Schwanz sowie an allgemeiner Kraft- und Appetitlosigkeit sowie Lethargie zu erkennen. Erste Maßnahmen bestehen in der Verabreichung von Ringerlösung (aus der Apotheke) oder zur Not einer selbst hergestellten Elektrolytlösung (ein Teelöffel Kochsalz auf einen Liter Wasser, zur Kohlehydratversorgung kann zusätzlich ein Teelöffel Zucker mit aufgelöst werden). Bei schweren Fällen wird vom Veterinär eine Elektrolytlösung in die Leibeshöhle oder unter die Haut injiziert oder eine Infusion gegeben. Im Laufe einer Woche sollte eine schrittweise Umstellung auf normales Trinkwasser erfolgen. Selbstverständlich müssen auch hier evtl. vorhandene Haltungsmängel beseitigt werden.

Gicht

Dauerhafte Mangelversorgung mit Wasser führt fast zwangsläufig zur Gicht, besonders bei gleichzeitig üppigen, sehr proteinhaltigen Futtergaben. Hierbei können die Abfallprodukte des Eiweißstoffwechsels nicht in genügendem Maße ausgeschwemmt werden und setzen sich in Form von Harnsäurekristallen in Gewebe und inneren Organen (Eingeweide- oder Viszeralgicht) ab, was durch die Verstopfung der Nierenkanälchen zu einer weiteren Verschlechterung des Zustandes bis hin zum Nierenversagen führt. Auch Herz, Lunge und Leber können betroffen sein. Eine weitere Erscheinungsform ist die so genannte Artikuläre- oder Gelenkgicht. Bei dieser Form lagern sich die Harnsäurekristalle in oder um die Gelenke herum ab, sodass diese geschwollen aussehen, und die Mobilität des Chamäleons wird stark beeinträchtigt. Der Umstand, dass in Menschenobhut besonders ältere Pantherchamäleons diese Erscheinungen sehr häufig aufweisen, zeigt, dass hier noch ein weites Feld für Haltungsoptimierungen (intensiveres Beregnen, proteinärmeres Futter) offen steht.

Verstopfung, Durchfall, Prolaps

Verstopfung ist ein eher seltenes Problem beim Pantherchamäleon, kann aber bei Verdickung des Kots durch Wassermangel oder bei falscher Ernährung vorkommen. Wenn über mehrere Tage kein Kot abgesetzt wurde – trotz normaler Futter- und Wasserversorgung bei ausreichender Wärme – und das Tier einen aufgedunsenen Bauchraum aufweist, kann die orale Gabe einiger Tropfen Paraffinöl zur Entleerung des Darmes führen. Sollte dies nach dem nächsten Tränken immer noch nicht geschehen sein, muss der Veterinär das Tier näher untersuchen. Durchfall ist bei *Furcifer pardalis* ein echtes Alarmzeichen, da er meistens durch einen Befall des Verdauungstraktes mit pathogenen Organismen verursacht wird. Als Sofortmaßnahme muss der Flüssigkeitsverlust durch verstärktes Tränken, z. B. durch Gabe einer Elektrolytlösung (siehe Dehydration) ausgeglichen werden. Außerdem sollte so schnell wie möglich eine frische Kotprobe zu einem Labor oder einem entsprechend ausgestatteten Tierarzt verbracht werden. Diese geben nach Untersuchung und Befund Hinweise zur weiteren Behandlung.

Ein Darm- oder Kloakenvorfall (Prolaps) kann sowohl als Folge von Verstopfung als auch durch unsachgemäße Ernährung (unausgewogenes Protein-Ballaststoff-Verhältnis, niedriger Blutkalziumspiegel etc.), Dehydration oder Befall des Darmes/der Kloake mit Parasiten oder Bakterien verursacht werden. Bei geringen Ausmaßen des ausgestülpten Teiles kann der erfahrene Halter (aber wirklich nur dieser) versuchen, ihn nach Bestreichen mit Vaseline mit einem Wattestäbchen vorsichtig zurückzumassieren. Ist der Prolaps zu groß oder fühlen Sie sich unsicher, fixieren Sie ein stark feuchtes Wattebällchen, Stoffstückchen oder notfalls Küchenpapier um die Kloake, damit das Gewebe nicht austrocknet, und suchen Sie schnellstmöglich den Tierarzt auf. Dieser ist meist in der Lage, die hervorgestülpten Teile, falls nötig unter Sedation (Ruhigstellung), instrumentös in ihre ursprüngliche Position zu bringen und z. B. mit einer Tabakbeutelnaht die Kloakenöffnung zu verkleinern, um so einen erneuten Vorfall zu verhindern. Die Fäden können nach 5–10 Tagen entfernt werden. Neben einer antibiotischen Wundnachsorge sollte in jedem Fall die Feststellung der Ursachen erfolgen, damit diese beseitigt werden können.

Legenot

Legenot bezeichnet den Umstand, dass das Weibchen die Eier in den Eileitern zurückhält, anstatt sie an geeigneter Stelle abzulegen. Das Vorliegen dieser Störung ist mitunter schwierig einzuschätzen, denn die Tragzeit kann um mehrere Wochen variieren, und Probegrabungen an verschiedenen Stellen, unterbrochen durch Zeiten geringerer Aktivität, können auch zum normalen Verhalten trächtiger Weibchen gehören. Erfolgt jedoch ca. eine Woche nach Beginn der Probegrabungen immer noch keine Eiablage oder wird diese abgebrochen und nicht am folgenden Tag wieder aufgenommen, liegt wahrscheinlich eine Legenot vor. Dringende Alarmzeichen sind eine Verschlechterung des Allgemeinzustandes, anhaltende Nahrungsverweigerung (1–2 Tage vor der Eiablage kann die Einstellung der Nahrungsaufnahme jedoch normal sein!), beginnendes Einfallen der Augen sowie Apathie. Die Ursachen können auch hier vielfältig sein und reichen von einer Blockade des Eileiters durch missgestaltete oder verklebte Eier über Infektionen desselben bis zu angeborenen oder durch Vorschädigungen

Eine nicht rechtzeitig erkannte Legenot führt fast immer zum Tode des Weibchens.
Foto: R. Müller

verursachten Missbildungen des Eileiters. Am häufigsten ist die Legenot aber auf Haltungsfehler zurückzuführen. Steht dem Weibchen keine geschützte, richtig temperierte und befeuchtete Ablagemöglichkeit zur Verfügung oder ist es dauerhaftem Stress ausgesetzt, wird es seine Eier nicht deponieren. Manchmal presst es sie noch aus der Kloake und lässt sie einfach fallen. Dann sollte die vollständige Leerung des Eileiters vom Tierarzt überprüft werden. Das Herauspressen der Eier ist dem Weibchen bei einem zu niedrigen Blutkalziumspiegel, einer häufigen Ursache, nicht mehr möglich. Die Produktion der Eier verbraucht oft die gesamten nutzbaren Mengen dieses Mineralstoffs, sodass nicht ausreichend Kalzium zur Kontraktion der Muskeln zur Verfügung steht, um die Eier herauszutreiben. Neben dem rechtzeitigen Anbieten von geeigneten Ablagestellen gehört deshalb unbedingt eine angepasste Ernährung zu den erforderlichen präventiven Maßnahmen, um den vermehrten Bedarf an Vitaminen und Mineralstoffen während der Trächtigkeit zu befriedigen. Besteht der Verdacht einer Legenot aus Kalziummangel, kann die tägliche orale Gabe eines gut resorbierbaren Präparates (z. B. Kalziumglukonat, etwa 1 ml/100 g Körpergewicht), begleitet durch gezielte UV-B-Bestrahlung, die Eiablage auslösen. Sollte dies nicht innerhalb von 2–3 Tagen zum Erfolg führen oder sich der Zustand des Tieres verschlechtern, muss sofort der Tierarzt aufgesucht werden. Nur dieser darf nach Injektion eines Kalzium-Magnesium-Präparates durch eine Gabe von wehenfördernden Mitteln (z. B. Oxytocin) versuchen, die spontane Eiablage auszulösen. Dies sollte jedoch nur nach sorgfältiger Diagnose mit bildgebenden Verfahren (um eine Blockade des Eileiters auszuschließen) und bei gutem Allgemeinzustand des Tieres erfolgen. Als Alternative, besonders bei fortgeschrittenem Verfall des Muttertieres, bietet sich der Kaiserschnitt neben der Bauchnaht an, um das Tier zu retten. Nach Öffnen der Bauchhöhle kann hierbei die Ursache der Störung sofort ermittelt und beseitigt werden, zusätzliche Belastungen durch Hormongaben und Zeitverzögerungen bleiben aus (MITTENZWEI 2003). Es zeigt sich immer häufiger, dass ein derartiger operativer Eingriff durch die zunehmende Verbreitung schonender Verfahren (z. B. Inhalationsnarkose) sowie die steigende Erfahrung vieler Tierärzte besser vertragen wird als langwierige Untersuchungen und Hormonbehandlungen (MITTENZWEI, schriftl. Mittlg.). Von jeder Therapie müssen sowohl der Halter als auch der Tierarzt überzeugt sein, das Anbieten alternativer Verfahren spricht aber meist für die Erfahrung des Tierarztes. Uns sind Berichte über den guten Verlauf solch operativer Ein-

griffe bei Chamäleons bekannt (z. B. CLARK-
SON, MITTENZWEI, mündl. Mittlg.).

Rachitische Erscheinungen

Als Rachitis wird die nicht ausreichende Kalzifi-
zierung des Knochengewebes durch einen Mangel oder ein Ungleichgewicht von Kalzium und
Vitamin D bezeichnet. In der Folge kommt es zu
weichen, deformierten und oft auch gebrochenen
Knochen, besonders an Rückgrat, Extremitäten
und im Kieferbereich. Diese Erscheinung tritt
meistens im ersten Lebensjahr auf, der Zeit des
schnellsten Wachstums. Häufig ist schon vor dem
Erkennen der Schäden am Knochenbau ein
Muskelzittern zu beobachten, hervorgerufen
durch den zu niedrigen Blutkalziumspiegel. Ähnliche Symptome können bei Adulti durch außergewöhnliche Belastungen (z. B. bei der Trächtigkeit) oder Fehlernährung auftreten, werden hier
jedoch durch Demineralisierung des Skeletts verursacht. Der Tierarzt kann durch therapeutische
Gaben von Kalzium und Vitamin D nur kurzfris-
tig eine Stabilisierung des Tieres erreichen, eine
dauerhafte Besserung tritt nur bei Optimierung
der Versorgung ein. Einmal eingetretene Defor-
mationen lassen sich später meist nicht mehr
beseitigen, die beste „Behandlung" stellt also die
gewissenhafte Ernährung im Vorfeld dar.

Infektionen der Atemwege

Insbesondere bei dauerfeuchter Haltung in Kombination mit zu niedrigen Temperaturwerten
kann es zu einer Infektion der Lunge und/oder
der oberen Atemwege kommen. Auch plötzliche
Temperaturstürze oder Zugerscheinungen können zu diesem Krankheitsbild führen, das sich
durch verklebte Nasenöffnungen, Atmen mit
geöffnetem Maul, „Pumpen" des Brustkorbs und
Bläschenbildung sowie Geräusche beim Atem-
vorgang bemerkbar machen kann. Als erste
Maßnahme kann die Temperatur leicht erhöht
werden, um dem Immunsystem die Arbeit in den
betroffenen Organen zu erleichtern, aber Vorsicht vor Fehldeutungen: Überhitzte Tiere atmen
ebenfalls mit geöffnetem Maul! Außerdem sollte
auf eine Durchfeuchtung der Beckeneinrichtung

verzichtet, und die Tiere sollten mit der Pipette
getränkt werden. Eine geringe Gabe eines Ka-
millenpräparates verschafft den Patienten Erleichterung, bis sie dem Tierarzt vorgestellt werden. Dies sollte möglichst schnell erfolgen, damit
dieser nach Abstrich und Resistenztest das meist
nötige Antibiotikum verschreiben kann.

„Maulfäule"

„Maulfäule" ist kein medizinischer Fachbegriff,
sondern beschreibt umgangssprachlich den
Befall der Kiefer sowie des Mund- und Ra-
chenraumes durch verschiedene Bakterien,
meist *Aeromonas, Pseudomonas* oder *Proteus*.
Die durch das acrodonte Gebiss bedingten
Zwischenräume begünstigen deren Entwicklung. Oft ist eine Verletzung innerhalb des
Maules durch Futtertiere oder unsachgemäße
Zwangsöffnung des Maules der Auslöser. Auch
äußerlich angestoßene Schnauzen oder Infek-
tionen anderer Organe (Atemwege, Augen,
Verdauungstrakt) können zur Maulfäule füh-
ren. Sie äußert sich durch Schleim oder Eiter-
ansammlungen in den Mundwinkeln, an den
Kiefern, unter den Zahnleisten oder im übrigen
Mundraum, später oft in Belagansammlungen
an den Lippenschilden. Im fortgeschrittenen
Stadium werden die Kiefer befallen, sodass
Brüche auftreten können. Da für die passende
Medikation ein Abstrich und die Anlage von
Bakterienkulturen nötig sind, an denen die
Wirksamkeit verschiedener Antibiotika getes-
tet wird, sollte bei den ersten Anzeichen (anhaltende Rötung der Mundschleimhaut, übermäßige Schleimabsonderungen in den Mundwinkeln, Schwellungen im Lippenbereich) sofort
ein erfahrener Veterinär aufgesucht werden.
Bis zum Vorliegen der Behandlungshinweise
sollten Eiter und Schleim täglich vorsichtig entfernt werden, um die Belastung für die
Verdauungswege durch Abschlucken möglichst
gering zu halten. Auf die betroffenen Stellen
kann ein desinfizierendes Gel (z. B. „Dentikur-
guard LA" von Albrecht) aufgetragen, ein Ka-
millepräparat oder eine „Supronal"-Suspen-
sion (vom Tierarzt) aufgepinselt werden.

Beschaffung

Aus gutem Grund behandeln wir die Anschaffung eines Pantherchamäleons erst am Ende des Haltungskapitels. Bevor ein oder mehrere Tiere erworben werden, sollte man sowohl gedanklich als auch bei der Ausstattung gut vorbereitet sein. Erforderliche Terrarien müssen mitsamt technischer Ausrüstung aufgestellt, eingerichtet und bezüglich der Klimaparameter überprüft sein. Pflegeutensilien sollten rechtzeitig angeschafft, die Futterbeschaffung dauerhaft geregelt und die Zustimmung der übrigen Familienmitglieder eingeholt worden sein. Nicht jedes Familienmitglied kann sich für Schabenzuchten in der Wohnung oder nächtliche Grillenkonzerte begeistern. Männliche Pantherchamäleons erreichen oft ein Alter von über fünf Jahren (über acht Jahre nach NECAS 1999), Weibchen je nach Fortpflanzungstätigkeit immerhin 3,5–5 Jahre. Man übernimmt also für einen längeren Zeitraum Verantwortung. Beabsichtigt man die Nachzucht seiner Tiere, können sowohl der erforderliche Platz als auch die aufzuwendende Zeit schnell die üblichen Grenzen eines „Hobbys" sprengen. Sollten Sie all dies bedacht und für sich positiv entschieden haben, können Sie den Erwerb ins Auge fassen. Da *Furcifer pardalis* nicht so verbreitet ist wie weniger exotische „Haustiere", kann dieser einige Geduld und Mühe erfordern. Der beste Weg ist sicherlich die Kontaktaufnahme zu einem Züchter, von dem man neben den gewünschten Nachzuchten oft noch Ratschläge, Anregungen und Tipps aus der Praxis bekommt. Namen und Adressen erfährt man über Vereinigungen wie die AG Chamäleons in der DGHT, durch Anzeigen in Fachzeitschriften (z. B. REPTILIA) oder beim Besuch von Terraristikbörsen. Dort sind oft auch Vertreter des Fachhandels vertreten, die ebenfalls gelegentlich Pantherchamäleons anbieten. Leider handelt es sich hierbei überwiegend um Wildfänge, von deren Anschaffung zumindest dem Einsteiger abzuraten ist. Diese Tiere kommen meist adult in den Handel, sodass ihr genaues Alter und damit ihre Restlebenszeit und Fortpflanzungsaktivität nur schwer abzuschätzen sind. Die Eingewöhnung und evtl. beabsichtigte Jahreszeitenumstellung müssen bei ihnen erst noch erfolgen. Fang, Transport und mangelhafte Zwischenhälterung beim Ex- und Importeur, dem Groß- und Einzelhandel führen leider oft zu Vorschäden, die irreparabel sind. Die Stressbelastung ist immens und bedingt meist eine Schwächung des Immunsystems sowie eine damit einhergehende übermäßige Vermehrung von Parasiten und Krankheitserregern. Deshalb müssen Wildfänge in der Regel nach Erhalt in Quarantänebecken untergebracht werden, die sich durch eine leicht zu reinigende Einrichtung und gute Beobachtungsmöglichkeiten auszeichnen. Schwer zu desinfizierende Ausstattungen

Beim Erwerb von Nachzuchten bei einem Züchter lässt sich der Gebrauch von Gliedmaßen und Zunge begutachten. Foto: R. Müller

werden hierbei weggelassen (z. B. fest verklebte Korkverkleidungen) oder durch geeignetere ersetzt. Es können Plastikpflanzen verwendet oder lebende Pflanzen in Töpfen eingestellt und ebenso wie Äste regelmäßig ausgetauscht werden. Der Bodengrund wird durch täglich zu wechselndes Fließpapier ersetzt. Es ist aber darauf zu achten, dass potenziell trächtigen Weibchen eine Ablagemöglichkeit angeboten wird, z. B. ein ausreichend großes, mit Substrat gefülltes Gefäß. Ebenso müssen Wasserversorgung, Fütterung sowie Temperaturen, Licht und Feuchtigkeit auch bei dieser Unterbringung den Ansprüchen des Pan-

therchamäleons genügen. So schnell wie möglich sollte eine Kotprobe zur Untersuchung an ein Labor (siehe Anhang) geschickt werden bzw. bei einem entsprechend versierten Tierarzt abgegeben werden. Bei großen Exemplaren kann ein gut ausgestatteter Veterinär zusätzlich eine Blutuntersuchung durchführen. Nach Erhalt der Ergebnisse und der meist erforderlichen Behandlung werden diese Untersuchungen wiederholt. Erst danach können die Tiere bei negativem Befund in ihren dauerhaft vorgesehenen Behältern untergebracht werden. Inwieweit auch augenscheinlich gesunde Nachzuchttiere eine Quarantänezeit durchlaufen sollten, muss von Fall zu Fall kritisch abgeschätzt werden. Da selbst ein gut ausgestattetes Quarantäneterrarium im Vergleich zum tiergerecht gestalteten Haltungsbecken eine Belastung während der kritischen Eingewöhnungszeit darstellt, gehen wir bei offensichtlich gesunden Nachzuchten das Risiko ein, sie sofort in ihre endgültige Behausung zu setzen, verhindern aber anfangs den Kontakt mit anderen Exemplaren. Sollte allerdings die auch hier durchzuführende Kotuntersuchung einen behandlungspflichtigen Befund ergeben, muss zwangsläufig die gesamte Terrarieneinrichtung

verworfen und das Becken nach gründlicher Desinfektion neu ausgestattet werden.

Überlegen Sie vor dem Kauf, ob sie ein Einzeltier, ein Pärchen oder eine Gruppe pflegen wollen. Sollten sie sich für die Haltung eines Einzeltieres entscheiden, geben sie einem Männchen den Vorzug. Weibliche Tiere produzieren auch ohne stattfindende Verpaarung ab einer gewissen Größe Eier, die zwangsläufig unbefruchtet sind. Diese so genannten Wachseier weisen leider überproportional oft Missbildungen oder Verklebungen auf, die wiederum zu einer Legenot führen können. Außerdem ist das männliche Geschlecht (weibliche Leser mögen uns verzeihen) zumindest beim Pantherchamäleon aufgrund der Größe und Färbung das attraktivere. Kaufen Sie nicht überhastet, weil sie „endlich" die gesuchten Tiere gefunden haben, sondern begutachten Sie diese in Ruhe. Die größten Tiere eines Geleges stellen nicht zwangsläufig die beste Wahl dar. Bei schon äußerlich sichtbaren Fettpolstern an Hals oder Nacken könnte durch zu reichhaltige Fütterung bereits eine Einlagerung von Fett in die inneren Organe erfolgt sein. Suchen Sie sich agile, aufmerksame Tiere aus, die auf eine

Erst ab einer gewissen Größe lassen sich die Geschlechter einigermaßen sicher bestimmen. Auf der Seite links ist das Männchen zu sehen, hier oben das Weibchen. Fotos: R. Müller

Annäherung von Fremden meistens mit Flucht oder Drohen deutlich reagieren. Achten Sie auf Anzeichen von Krankheiten (siehe dort) und lassen Sie sich möglichst den Gebrauch von Gliedmaßen und Zunge (z. B. während einer Fütterung) demonstrieren. Dies wird am ehesten beim Besuch eines Züchters möglich sein, ebenso wie ein ausführliches Gespräch. Auch die Begutachtung der Unterbringung sowie von Geschwister- und Elterntieren lassen hier Rückschlüsse zu. Wir und viele andere Züchter geben die Tiere erst ab einem Alter von 2–3 Monaten ab, um sicherzustellen, dass die kritischsten Wochen überwunden sind. Außerdem lässt sich frühestens ab diesem Alter das Geschlecht der Jungtiere einigermaßen abschätzen, obwohl sich einige Merkmale mit geübtem Auge auch schon früher zuordnen lassen. So weisen Weibchen unmittelbar nach dem Schlupf oft eine Rotfärbung der Interstitialhaut (Zwischenschuppenhaut) im Kehlbereich auf und zeigen eine weniger gemusterte, mit zunehmendem Alter ins Beige-Bräunlich spielende Neutralfärbung. Die Grundfärbung der Männchen lässt sich eher als gräulich, mit zunehmendem Alter als grün angehaucht und deutlich

quer gestreift beschreiben. Eine sichere Bestimmung kann aber erst nach Erreichen der Geschlechtsreife im Alter von 6–12 Monaten (je nach Temperatur und Versorgung) erfolgen. Holen Sie Ihre Tiere nach Möglichkeit selber beim Verkäufer ab und transportieren Sie sie möglichst stressarm, d. h. ohne direkten lateralen oder dorsalen Kontakt mit der Umgebung, abgedunkelt, ausreichend belüftet und geschützt vor extremen Temperaturen. Bewährt haben sich so genannte Pet-Boxen, Kunststoffterrarien mit einem Lüftungsdeckel, die in verschiedenen Größen erhältlich sind. In diesen wird ein frisch gebrochener Zweig sicher fixiert, der Boden kann mit leicht feuchtem Küchenpapier ausgelegt werden. Einzeln oder zu mehreren in einer größeren Styroporkiste rutschsicher eingeklemmt, lassen sich in ihnen die Chamäleons auch über mehrere Stunden schonend transportieren. Wenn Sie die Absicht haben, beim Züchter, Händler oder auf Börsen Tiere zu erwerben, bereiten sie Transportboxen vor und führen Sie sie mit. Im neuen Zuhause lassen Sie sich einfach geöffnet ins Terrarium stellen, sodass die Neuankömmlinge alleine Schritt für Schritt ihre Umgebung erkunden können.

Zucht und Aufzucht

Die Krönung der Terrarienhaltung stellt sicherlich die Vermehrung der Pfleglinge dar. Gelingt sie über mehrere Generationen, dürfen wir uns doch zu Recht bestätigt fühlen, dass unsere Pflege keine allzu gravierenden Fehler aufweist, wenngleich immer ein Quäntchen Glück vonnöten ist. Zugleich entlastet die Nachzucht indirekt die wild lebenden Populationen, denn je mehr gesunde, eingewöhnte Nachzuchten zur Verfügung stehen, umso weniger lohnt es sich, Tiere, besonders auf illegalem Wege, der Natur zu entnehmen. Auch wenn *Furcifer pardalis* bisher nicht als durch den Handel gefährdete Art anzusehen ist, erleichtern Nachzuchten auch Anfängern einen erfolgreichen Einstieg in unser Hobby und erhöhen dessen Akzeptanz in der Öffentlichkeit.

Zur Zucht sollten nur Tiere verwendet werden, deren Körper ausreichend ausgereift ist, damit die Fortpflanzung nicht in der Energie zehrenden Zeit des jugendlichen Wachstums eine zusätzliche Belastung darstellt. Insbesonders die Weibchen verbrauchen durch Eiproduktion und Ablage viele körpereigene Ressourcen, sodass zu frühe Fortpflanzungsaktivitäten einen negativen Einfluss auf den Zustand und das erreichbare Alter des Tieres haben können. Auch die ganzjährige Produktion von Gelegen bei der Haltung ohne saisonale Klimaschwankungen reduziert die zur Verfügung stehenden Reserven gewaltig. Obwohl sie bei uns bereits mit 8–9 Monaten die Geschlechtsreife erreichen, verpaaren wir unsere Pantherchamäleons frühestens im Alter von 12–15 Monaten und haben damit gute Erfahrungen gemacht. Nur selten kommt es zur früheren Produktion eines Gele-

Die erfolgreiche Nachzucht stellt sicherlich den Höhepunkt der Terrarienhaltung dar.
Foto: B. Love/Blue Chameleon Ventures

Die immer weitergehende Aufspaltung in Farbformen kann durchaus kritisch betrachtet werden. Dieses Tier stammt aus der Gegend von Ambanja. Foto: B. Love/Blue Chameleon Ventures

ges, das aber trotz fehlender Befruchtung beim ersten Mal in der Regel ohne Probleme abgelegt wird. So erreichen unsere Weibchen regelmäßig eine Lebensspanne von 4–5 Jahren und bleiben auch bis in dieses Alter geschlechtlich aktiv.

Wie bei vielen anderen Chamäleonarten besitzen auch bei *Furcifer pardalis* die Weibchen die Fähigkeit, Spermien in einem speziellen Organ, dem Receptaculum seminis, zu speichern und nach einer erfolgreichen Paarung mehrere zumindest teilweise fertile Gelege durch Vorratsbefruchtung zu produzieren (Amphigonia retardata) (NECAS 1999; RIMMELE 1999; eigene Beobachtungen). Da die Quote der befruchteten Eier hierbei aber von Mal zu Mal abnimmt und insbesondere für unbefruchtete Eier die Gefahr von Fehlbildungen besteht, durch die eine Legenot ausgelöst werden könnte, sollten die Tiere möglichst nach jedem Absetzen eines Geleges erneut verpaart werden. Dies ist meist schon 3–6 Wochen nach der Eiablage möglich.

Zusammenstellung eines geeigneten Zuchtpaares

Solange der genaue Status der Farbvarianten nicht vollständig geklärt ist, sollten die Bestrebungen bei der Zusammenstellung von Zuchtpaaren oder -gruppen dahin gehen, die unterschiedlichen regionalen Muster und Farbausprägungen zu erhalten. Dies kann allerdings zu einem schwierigen Unterfangen werden. Aufgrund immer noch vorhandener Irritationen über die genaue Merkmalsausprägung werden nach wie vor Exemplare mit anzuzweifelnder geographischer Zuordnung angeboten. Die individuelle, ontogenetische (= vom Alter abhängige) sowie durch Jahreszeit, Licht und andere Haltungsumstände beeinflusste Erscheinung kann selbst bei adulten Männchen zu Fehldeutungen führen. Bei weiblichen Tieren ist eine Bestimmung anhand der Färbung generell nur sehr grob möglich. Beispielsweise zeig-

Neben anderen Faktoren kann die individuelle Entwicklung bei der Zuordnung von Männchen zu Fehldeutungen führen, die Bilder zeigen dasselbe Tier im Alter von 1 Jahr und 5 Jahren. Fotos: R. Müller

te ein von uns als „Sambava" erworbenes Männchen mit zunehmendem Alter mehr und mehr Merkmale von „Diego Suarez"-Tieren und wurde auch von erfahrenen Haltern altersabhängig unterschiedlich zugeordnet. „Nosy Bé"-Nachzuchten aus einem Gelege entwickelten je nach Unterbringung eine grüne oder eine türkisblaue Färbung. Ein über mehrere Jahre gepflegtes „Ambanja"-Männchen zeigte ausnahmslos die typischen grünblauen Farbtöne mit roter Zeichnung in den Vertikalstreifen, die sich allenfalls während Balz- und Drohgebärden intensivierten. Erst nach einer zweistündigen Autofahrt blickte uns ein gelbes Exemplar mit roter Streifenzeichnung aus der Transportkiste entgegen. Diese Beispiele sollen verdeutlichen, warum auch in gutem Glauben gegebene Informationen zur angebotenen Variante in die Irre führen können. Ebenso lassen sie

die Frage zu, ob die immer weitergehende Aufspaltung in Muster- und Zeichnungsformen sinnvoll und deren Bezeichnung mit „Händlernamen" nicht eher kritisch zu betrachten ist. Selbst beim Erwerb von Wildfängen mit Herkunftsort ist keine hundertprozentige Gewissheit gegeben. Zunehmende Bevölkerung, Verkehr, Warenströme und Ausweitung der Kulturlandschaft machen eine versehentliche oder absichtliche Verschleppung eines Kulturfolgers wie *Furcifer pardalis* wahrscheinlich. Auch werden kommerzielle Fänger kein am Rand der Transportwege sitzendes Exemplar ignorieren, weil es nicht zur geographischen Herkunft der anderen Fänge passt. Eine Möglichkeit, sicher zusammen passende Tiere zu erhalten, liegt also lediglich im Erwerb von Nachzuchttieren derselben Eltern oder deren Geschwistern. Sollen blutsfremde Linien zusammengeführt werden, muss man sich letztlich auf sein eigenes Urteils-vermögen verlassen. Auch hierbei kann eine Betrachtung der Eltern- oder älterer Geschwistertiere helfen. Eine Einkreuzung nicht direkt verwandter Linien ist, sofern die Möglichkeit dazu besteht, natürlich zu bevorzugen, obwohl wir – außer einer Abnahme der erreichten End-größe – bis zur sechsten Generation keine negativen Effekte bei Verpaarungen innerhalb einer Linie feststellen konnten. Leider sind oft kaum noch Informationen zugänglich, aus welcher ursprünglichen Kombination die angebotenen Tiere stammen. Da Chamäleons im Vergleich zu anderen Reptilien immer noch relativ selten dauerhaft nachgezogen werden und langjährige Züchter auch über Ländergrenzen hinweg Tiere austauschen, stellt auch der Erwerb von Tieren aus geographisch weit voneinander entfernten Zuchten keine Garantie zum Erhalt nicht verwandter Tiere dar. Aufzeichnungen und Fotos zum „Stammbaum" der Tiere erleichtern also die Zusammenstellung und sprechen für die Sorgfalt des Anbieters.

Balz und Paarung

Die Paarungszeit des Pantherchamäleons richtet sich in der Natur nach saisonalen Einflüssen und liegt wahrscheinlich in den Monaten Dezember bis April (FERGUSON 1994; GRIMM & RUCKSTUHL 1999; RIMMELE 1999). Eingewöhnte Tiere stellen in unseren Breiten ihren Jahreszeitenrhythmus aber meist auf die vorherrschenden Einflussfaktoren ein (Tageslänge, simulierte Schwankungen), sodass die Hauptpaarungsaktivitäten in der Regel in den Monaten März bis August liegen. Besonders Varianten aus Nosy Bé und von der Westküste können aber bei gleichbleibend feuchtwarmer Haltung auch ganzjährig geschlechtlich aktiv bleiben.
Paarungsbereite Weibchen lassen sich recht gut an ihrem allgemein wenig scheuen und sehr umgänglichen Verhalten sowie an ihrer hellen, pastellbunten Färbung erkennen. Die Palette reicht hierbei von einem Hellbeige über Rosa und Hellorange bis zu grünen und mintfarbenen Tönen. Da in Menschenhand auch bei simulierten saisonalen Schwankungen Extreme wie Wasser- und Nahrungsmangel fehlen, bleiben Männchen oft wesentlich länger in Paarungsstimmung und zeigen ihre typischen bunten Farbmuster. Allerdings nimmt die Intensität mit der Verringerung von Lichtmenge, Feuchtigkeit und Temperatur ab.
Die Balz verläuft nach dem für Echte Chamäleons typischen Schema: Das Männchen präsentiert nach dem Erblicken des Weibchens seine schönsten Farben. Die optische Erscheinung wird durch Aufblasen, Aufstellen der Kehle und rechtwinklige Positionierung zur Blickrichtung des Weibchens vergrößert. Manchmal vervollständigen Kopfnicken sowie Vor- und Zurückwackeln des gesamten Körpers das Imponieren. Das Weibchen reagiert bei Paarungsbereitschaft durch Verharren oder langsames Voranschreiten, dabei verändert es seine Färbung nicht. Gelegentlich kommt es zu einem Anheben des Schwanzes. Die Annäherung des Männchens kann langsam und vorsichtig erfolgen, sodass der gelegentlich verwendete Begriff „Hochzeitsmarsch" trefflich passt, aber auch eher stürmisch und ohne Umschweife. Hat das Männchen das Weibchen erreicht, steigt es von hinten auf dessen Rücken und bringt seine Kloakenregion seitlich unter die des Weibchens, um einen seiner Hemipenes einzuführen. Die eigentliche Kopulation kann etwa 5–40 Minuten dauern, danach trennen sich die Tiere wieder. Nicht paarungsbereite Weibchen zeigen, sobald sie das Männchen wahrnehmen, auf einer dunkelbraunen bis schwarzen Grundfarbe helle beige-, rosa- oder orangefarbene Flecken. Bei weiterer Annäherung des Männchens stellt das Weibchen seinen Körper quer, wackelt seitlich und droht mit geöffnetem Maul. Da sich viele Männchen auch hiervon nicht beeindrucken lassen, sollten die Tiere spätestens jetzt getrennt werden, denn als letzte Abwehrmaßnahme schrecken die Weibchen auch nicht davor zurück, heftig zuzubeißen.
Manchmal kommt es zu einer folgenden zweiten Paarung, bei der der zweite Hemipenis be-

Zur Paarung steigt das Männchen von hinten auf das Weibchen, platziert seine Kloake unter der des Weibchens und führt einen seiner Hemipenes ein.
Fotos: R. Müller

nutzt wird. Eine gelegentlich von Haltern beschriebene Verträglichkeit während der folgenden Tage konnte von uns nur selten beobachtet werden. Deshalb müssen wir sicherheitshalber die Anwesenheit des Pflegers während Paarungsversuchen und die Trennung der Partner unmittelbar nach der Paarung empfehlen. Für das Zusammenführen bestehen zwei Möglichkeiten: Wenn man davon ausgeht, dass in der Natur die Männchen das standorttreue Geschlecht sind, sollte man das Weibchen zum Männchen setzten. In der Praxis haben wir häufig gute Erfahrungen damit gemacht, da das Weibchen bei Paarungsbereitschaft oft ohnehin ein zutrauliches Verhalten zeigt. Da von vielen anderen Chamäleonarten – leider ist dieser Umstand beim Pantherchamäleon noch nicht untersucht – bekannt ist, dass die Weibchen standorttreu sind (NECAS 1999; BONETTI mündl. Mittlg.; Beobachtungen LUTZMANN), kann man aber auch vom Gegenteil ausgehen und daher das Männchen zum Weibchen setzten.

Im Terrarium sollte man aber immer auf die Individualität der einzelnen Tiere und die Umstände achten, um beiden Tieren möglichst wenig Stress beim Umsetzen zuzumuten.Generell wird das weniger scheue Individuum auch in einer ungewohnten Umgebung eher sein normales Fortpflanzungsverhalten an den Tag legen als ein Exemplar, das schon durch die Annäherung und das Herausfangen verängstigt ist und Abwehrreaktionen zeigt.

Trächtigkeit und Eiablage

Bald nach erfolgter Verpaarung ändern sich Verhalten und Färbung des Weibchens. Die helle pastellartige Zeichnung weicht einer braun-beigen Grundfärbung mit helleren Flecken, die als abgeschwächte Abwehrzeichnung beschrieben werden kann. Bei Erregung werden beige, orange oder rötliche Flecken auf schwarzem Grund präsentiert. Die interessierte, zutrauliche Aufmerksamkeit, die bei Paarungsbereitschaft vorherrschte, schlägt oft in erregte Aggressivität um, gleich ob sich der Pfleger, ein Nahrungskonkurrent oder ein Männchen auf Brautschau nähern. In den nun folgenden 3–5 Wochen der Trächtigkeit ist das Weibchen meist sehr futtergierig und sucht bevorzugt die Aufwärmplätze unter dem Strahler auf. In dieser Kräfte zehrenden Zeit sollte den Tieren täglich qualitativ hochwertiges, vitaminisiertes Futter angeboten werden. Auch der erhöhte Wasser- und Mineralstoffbedarf sind zu berücksichtigen. Fast täglich kann eine Zunahme der Leibesfülle und des Gewichtes festgestellt werden; bei großen Eizahlen können sich die Eier sogar gegen Ende der Trächtigkeit an der Außenseite des Bauchraumes abzeichnen. Je nach Temperatur und Versorgung beginnt das Weibchen etwa 18–30 Tage nach der Befruchtung eine geeignete Ablagestelle zu suchen. Hierfür werden oft einige Probegrabungen durchgeführt, bevorzugt an geschützten Stellen des Terrariums im Bereich der Pflanzenwurzeln. Neben einer möglichst stressarmen Umgebung (nötigenfalls kann die Frontscheibe mit einem Tuch abgehängt werden) muss dem Weibchen spätestens jetzt eine mindestens 22 °C warme, ausreichend hohe, „erdfeuchte" Substratschicht zur Verfügung stehen. Ist eine genügend große Beckengrundfläche vorhanden, kann man auch hier unterschiedliche Zonen anbieten, indem man z. B. auf einer Seite des Beckens mittels einer außen senkrecht angebrachten Heizfolie das Substrat erwärmt und von vorne nach hinten zunehmend befeuchtet.

Trächtige Weibchen zeigen ein charakteristisches Farbmuster, hier ein Tier aus Ambanja. Foto: B. Love/Blue Chameleon Ventures

Ca. 18-30 Tage nach der Befruchtung gräbt das Weibchen einen bis zu 30 cm langen Gang, um seine Eier zu deponieren. Foto: R. Müller

Nach der Eiablage füllt das Weibchen den Gang wieder auf und ebnet die Umgebung ein.
Foto: B. Love/Blue Chameleon Ventures

Für die Eiablage ist eine ausreichend hohe Substratschicht
vorzusehen. Foto: R. Müller

Hat das Weibchen eine ihm zusagende Stelle gefunden, gräbt es vorwärts einen bis zu 30 cm tiefen Gang, dreht sich und deponiert seine 12–30 Eier (je nach Alter und Zustand). In der Literatur werden maximale Gelegegrößen von 45 Eiern (HENKEL & SCHMIDT 1995), 46 Eiern (NECAS 1999) und sogar 50 Eiern (BARTLETT & BARTLETT 1995; FERGUSON et al. 1995) erwähnt, die bei uns jedoch nie erreicht wurden. Gelegegrößen über 35 Eier sollten unserer Meinung nach auch nicht angestrebt werden, da sie vom Weibchen sehr große Anstrengungen erfordern und seinen Organismus über Gebühr belasten. Abhängig von Eizahl und Individuum wird die Futteraufnahme 2–3 Tage vor der Eiablage gelegentlich eingestellt. Wir konnten aber auch schon Weibchen beobachten, die mit dem herausschauenden Kopf ungerührt vorbeikommende Insekten erbeuteten, während sie bereits rückwärts in der Eiablagegrube saßen. Nach erfolgter Ablage füllt das Weibchen den Gang wieder auf und gleicht die Stelle durch Einebnen der Umgebung an. Manchmal erfolgt dies so gut und schnell, dass man gezwungen ist, das halbe Becken umzugraben, um die Eier aufzuspüren. Trotzdem sollten wir das Tier auch diese Tätigkeit ungestört beenden lassen. Mehrfach konnte beobachtet werden, dass das Weibchen sich noch mehrere Tage für die Eiablagestelle interessierte, sie sozusagen im Auge behielt und bei Entfernung der Eier herankam und sich kaum vertreiben ließ (CLARKSON, mündl. Mittlg.; LIEBWEIN, mündl. Mittlg.; eigene Beobachtungen). Diese Verhaltensweise konnte von LUTZMANN bei in der Natur beobachteten Eiablagen nicht bestätigt werden. Die Weibchen verließen recht „unmotiviert" den Eiablageplatz und zeigten keinerlei Interesse mehr, weder bei Annäherung noch beim Ausgraben der Eier zur Vermessung. Die Weibchen konnten in den folgenden Tagen und Nächten auch nicht mehr in der Nähe des Ablageortes nachgewiesen werden. Das Muttertier sieht nach der Eiablage oft regelrecht eingefallen aus und sollte auch in der folgenden Zeit besonders sorgfältig versorgt werden, um wieder zu Kräften zu kommen.

Die Weibchen interessieren sich oft noch mehrere Tage auffällig für die Eiablagestelle. Foto: R. Müller

Eizeitigung und Schlupf

Möglichst bald nachdem das Weibchen die Ablagestelle verlassen hat, können die Eier vorsichtig ausgegraben und in einen Zeitungsbehälter überführt werden. Hierfür eignen sich neben fest verschließbaren Vorratsdosen oder anderen Kunststoffbehältern, deren Deckel mit einer Nadel gelocht wurde, besonders so genannte Zimmergewächshäuser aus der Zierpflanzenkultur (in Pflanzen- oder Hobbymärkten erhältlich). Sie sind in verschiedenen Größen verfügbar und oft über verschließbare Öffnungen variabel zu belüften. Abgeschrägte Deckel verhindern, dass kondensierendes Wasser auf die Eier tropft, möglichst große Volumen bieten genügend Platz für umfangreiche Gelege und größere Mengen Brutsubstrat, welches so seltener nachgefeuchtet werden muss. Das in der Terraristik weit verbreitete Vermiculit kommt hierfür auch bei uns zur Anwendung, kann allerdings zu speziellen Problemen führen. Neben der bereits beschriebenen Neigung, innerhalb des Zeitungsbehälters ungleichmäßig abzutrocknen (RIMMELE 1999; HILDENHAGEN 2003), kann es während der langen Zeitungsdauer zum Zerfall und einer Verdichtung des Vermiculits kommen. Eine stabilere Konsistenz weisen Perlite und Seramis auf, die auch gleichmäßiger Wasser ziehen und deren Durchfeuchtung sich an der Färbung ablesen lässt. Auch Erde, Kies oder Sandmischungen werden vereinzelt als Brutsubstrat verwendet.

OCHSENBEIN & ZAUGG (1992) zeitigten erfolgreich auf Perlit und in Sand-Kies-Gemisch. RIMMELE (1999) gelang die Zeitigung im Terrarium in Torf-Sand-Gemisch. Schon vor der Eiablage sollte der Brutbehälter vorbereitet und auf die vorgesehene Temperatur gebracht werden, auch die Feuchtigkeit lässt sich jetzt noch ohne schädliche Auswirkungen korrigieren. MÜLLER und WALBRÖL vergraben die Eier zu ca. zwei Dritteln im Substrat, das obere Drittel bleibt zur besseren Kontrolle unbedeckt. Unbefruchtete Eier lassen sich so nach 1–2 Wochen gut an ihrer gelblichen, pergamentartigen Schale erkennen und entfernen.

LUTZMANN hat dagegen die Gelege ganz im Substrat eingegraben oder sie mit Torfmoss (*Sphagnum* sp.) bedeckt, weil man von einigen Krokodilen und Schildkröten weiß (FERGUSON 1981; LEHMANN 1987 – s. weiter unten), dass deren Jungtiere nur schlüpfen, wenn die Eier während der Inkubation mit Substrat bedeckt sind, und damit gute Erfahrungen gemacht.

Möglichst bald nach der Eiablage sollten die Eier in einen Zeitigungsbehälter überführt werden. Das Wiegen ermöglicht ein ausreichend genaues Nachfeuchten des Substrates. Foto: R. Müller

Viele Terrarianer und Wissenschaftler vermuten, dass der Schlupf des ersten Jungtieres mancher Chamäleongelege den Schlupf der anderen Eier auslöst (NECAS 1991, 1999; ANNIS II 1993, 1995, SCHMIDT 1999, viele mündl. Mittlg.; eigene Beobachtungen). Als Auslöser werden chemische Botenstoffe (evtl. aus der auslaufenden Flüssigkeit) oder mechanische Bewegungen der Eier durch die schon geschlüpften Jungtiere diskutiert. Über den Sinn kann nur spekuliert werden. Vielleicht sollen alle Jungtiere gleichzeitig an der Oberfläche erscheinen, um das Risiko des Einzelnen zu verringern, von Prädatoren weggefangen zu werden; vielleicht spart es Energie, wenn sich alle gemeinsam zur Oberfläche durchgraben. Da die Möglichkeit besteht, dass dadurch auch Jungtiere zum Schlupf angeregt werden, die noch nicht voll entwickelt sind, werden oftmals zur Sicherheit die Eier im Abstand von einigen Zentimetern in das Substrat gebettet. Daraus folgt wiederum die Frage, ob das weiter unten diskutierte Nicht-Schlüpfen voll entwickelter Jungtiere vielleicht auch damit zusammen hängt, dass die potenziellen Botenstoffe diese Eier nicht erreichen und jedes Jungtier für sich das Erste sein muss. Es gibt aber zu beiden Hypothesen noch keinerlei wissenschaftliche Untersuchungen, sodass hier gilt: Ausprobieren und die für sich beste Möglichkeit herausfinden.

Über die nötige Temperatur und die daraus resultierende Zeitigungsdauer werden in der Literatur unterschiedliche Angaben gemacht. Mehrfach werden konstante Temperaturen aufgeführt, die mit 25 °C (SCHMIDT & TAMM 1988b) beziehungsweise 28 °C (SCHMIDT &

Obwohl auch bei einer Verdrehung der Eier von uns keine Beeinträchtigung der Embryonalentwicklung festgestellt werden konnte (vermutlich hatte sich der Embryo kurz nach der Ablage noch nicht im Ei ausgerichtet), sollten die Eier möglichst unter Beibehaltung ihrer Lage umgebettet werden.

TAMM 1988a; OCHSENBEIN & ZAUGG 1992; HENKEL & SCHMIDT 1995; NECAS 1999) relativ hoch liegen. Die Zeitigungsdauer wird dabei mit 180–260 Tagen (SCHMIDT & TAMM 1988b), 207 Tagen (OCHSENBEIN & ZAUGG 1992), 280 Tagen (HENKEL & SCHMIDT 1995) und 159–362 Tagen (NECAS 1999) angegeben. NECAS weist darauf hin, dass auch im Rahmen eines Geleges zwischen erstem und letztem Schlupf zwei Monate liegen können. Bei 25–26 °C erfolgte der Schlupf nach 200–225 Tagen (RIMMELE 1999), bei 26–28 °C nach 159–319 Tagen (SCHMIDT & HENKEL 1989). NEUKIRCH (schriftl. Mittlg.) erzielt regelmäßig Schlupfraten über 90 %, indem die Anfangstemperatur von 23 °C kontinuierlich bis auf 27 °C gesteigert wird. Die Jungtiere schlüpfen so nach ca. 9–10 Monaten. DAVISON (1997) gibt eine Inkubationsdauer von 8–9 Monaten bei ca. 20–23 °C an. OCHSENBEIN & ZAUGG (1992) gelang die Zeitigung von drei Eiern in einem Pflanzgefäß des Blumenfensters bei ca. 19–21 °C, der Schlupf erfolgte nach 290 Tagen. BARTLETT & BARTLETT (1995) erwähnen eine Inkubationszeit von fünfeinhalb Monaten bei 22–25 °C, nehmen aber an, dass

die Eier in der Natur 6–12 Monate bis zum synchronisierten Schlupf in der warmen Jahreszeit benötigen. Eine Synchronisation der Eientwicklung und des Schlupfes vermuten auch RIMMELE (1999) und FERGUSON et al. (1994). FERGUSON et al. (1995) empfehlen auch, kühlere Phasen von 2–3 Monaten bei gut 18 °C einzulegen, und geben bei Zeitigungstemperaturen von 18,3 °C (Diapause) bis 25,5 °C eine Inkubationszeit von 7–10 Monaten an.

Diese Auflistung soll zeigen, dass es für die Zeitung von Pantherchamäleon-Eiern keine „Betriebsanleitung" gibt, die sicher zum gewünschten Ergebnis führt. Offenbar versprechen viele Methoden Erfolg, was auch uns zu Beginn unserer Zuchtbestrebungen stark verunsicherte, zumal noch andere Faktoren (Substrat, Feuchtigkeit) einbezogen werden müssen. Wir möchten deshalb hier unsere eigenen Erfahrungen mit unterschiedlichen Zeitigungsmethoden aufführen, den Leser aber ausdrücklich ermutigen, nach eigenen Überlegungen für ihn plausible Vorgehensweisen auszuprobieren und bei Misserfolg die Einflussfaktoren nach eigener Einschätzung zu verändern. Hierzu stehen

Die Eier nehmen im Verlauf der Zeitigung an Umfang zu (v.l.n.r.: frisch abgelegt, nach 3 Monaten, nach 7 Monaten).
Foto: R. Müller

im Fachhandel vielfältige Inkubatoren zur Verfügung, aber auch selbst gebaute Konstruktionen lassen sich verwenden, soweit sie eine Regelung innerhalb des gewünschten Temperaturrahmens zulassen.

Die Zeitigung der Eier bei konstant 28 °C und gleich bleibender mittlerer Feuchtigkeit (1–1,5 Gewichtsanteile Vermiculit auf zwei Gewichtsanteile Wasser) führte bei uns (MÜLLER und WALBRÖL) zu unbefriedigenden Resultaten. Es konnten ausschließlich einige Gelege der „Nosy Bé"-Variante nach 270–312 Tagen zum Schlupf gebracht werden. Die Schlupfquote aller so gezeitigten Gelege betrug jedoch nur knapp 15 %, bei einem Geschlechterverhältnis Männchen : Weibchen von 1 : 2. Bei FERGUSON (1994) entwickelten sich bei einem Drittel der so gezeitigten Schlüpflinge Fehlbildungen (meistens ein verkürzter Schwanz). Das Geschlechterverhältnis betrug bei ihm 13 : 6. Schrittweise veränderten wir daher Temperatur- und Feuchtigkeitsmanagement, indem wir versuchten, die saisonal schwankenden Bedingungen im Herkunftsland nachzuahmen. Inzwischen betten wir die frisch abgelegten Eier für 2–10 Wochen bei ca. 24 °C in Substrat mittlerer Feuchtigkeit (Gewichtsanteile Vermiculit zu Wasser etwa 1 : 2). Selbst für offene Landschaften im Lebensraum der Tiere erscheinen uns 28 °C während der gesamten Zeitigungsdauer für Ablagetiefen über 20 cm zu warm. Anschließend reduzieren wir für etwa 3–4 Monate die Temperatur auf 20–23 °C und lassen das Substrat etwas abtrocknen (kein Nachfeuchten; Gewichtsanteile Vermiculit zu Wasser ca. 1 : 1 bis 5 : 4). Bemerkenswerterweise erholten sich sogar „trockengefallene", bereits eingedellte Eier mit Beginn des folgenden Zeitigungsabschnittes wieder. Auch OCHSENBEIN & ZAUGG (1992) stellten eine Unempfindlichkeit gegen Trockenheit bei 19–21 °C fest. Nun erhöhen wir die Substratfeuchte schrittweise bis über das Ausgangsniveau und steigern die Temperatur progressiv, sodass im achten bis neunten Monat ein Maximum von 26–27 °C erreicht wird. Da die von uns verwendeten Brutschränke nach

und nach mit bis zu acht Gelegen bestückt werden, verlängert oder verkürzt sich die erste Zeitigungsphase und damit die gesamte Inkubationsdauer je nach Ablage am Anfang oder am Ende der simulierten Fortpflanzungsperiode. Außerdem lassen diese Schränke eine geringe Nachtabsenkung von 1–2 °C zu. Die Jungtiere schlüpfen so etwa 5–20 Tage nach Erreichen der maximalen Temperatur- und Feuchtigkeitswerte, erstaunlicherweise trotz geschlossener Brutbehälter bevorzugt während Tiefdruckwetterlagen. Die gleiche Beobachtung wurde auch von anderen Züchtern gemacht (z. B. LIEBWEIN, mündl. Mittlg.). Unmittelbar nach Verpaarungen produzierte Gelege erbrachten auf diese Weise eine Schlupfquote von über 90 %, aus per Vorratsbefruchtung angesetzten Eiern schlüpften im Mittel immerhin noch zu 65 % der Jungtiere. Die so erzielten Schlüpflinge wiesen ein nahezu ausgeglichenes Geschlechterverhältnis auf, waren kräftiger, im Durchschnitt größer und machten einen vitaleren Eindruck als die bei konstanten Temperaturen erbrüteten.

Pantherchamäleon-Eier weisen unmittelbar nach der Ablage Abmessungen von ca. 5–8 x 11–13 mm auf und können im Laufe ihrer Entwicklung auf bis zu 12 x 22 mm anwachsen. 1–2 Tage vor dem Schlupf können sich kleine Tropfen auf der Schale bilden, die Eier „schwitzen". Vermutlich wird auf diese Weise überschüssige Flüssigkeit aus dem Ei abgegeben, um den Schlupfvorgang zu erleichtern, aber auch Eier, die diese Erscheinung nicht zeigen, können zum Schlupf kommen. Dann schlitzt das junge Pantherchamäleon den Kopf-Pol des Eis mit seinem Eizahn, der wie ein kleiner harter Fortsatz vorne am Maul aussieht und nach dem Schlupf abgestoßen wird, sternförmig ein. Anschließend schiebt es seinen Kopf heraus, manchmal auch nur die Schnauzenspitze, und bleibt einige Stunden so liegen. In dieser Position wird wahrscheinlich der größte Teil des Restdotters resorbiert und die Sauerstoffversorgung auf Lungenatmung umgestellt. Wird der Schlüpfling in dieser Phase gestört, kann dies in seltenen Fällen dazu führen, dass er sich mit dem Kopf ins Ei hineindreht und in der verbliebenen Restflüssigkeit ertrinkt! Das vollständige Herauskriechen aus dem Ei kann sehr schnell, aber auch erst nach 1–2 Tagen erfolgen, werden Sie also nicht ungeduldig!

Immer wieder müssen bei der Zeitung von Pantherchamäleon-Gelegen Rückschläge hingenommen werden: Die Eier entwickeln sich scheinbar normal, aber der erwartete Schlupftermin verstreicht, ohne dass sich die Jungtiere selbstständig aus dem Ei befreien könnten. Weit verbreitet ist die Annahme, dass eine zu hohe Substratfeuchte zu einer übermäßigen Wasseraufnahme der Eier führt und die schlupfbereiten Jungtiere zwar die Innenhaut des Eies öffnen können, aber durch die voluminöse Flüssigkeitsschicht die äußere Eischale nicht erreichen. Tatsächlich sind viele Jungtiere, die nachträglich tot aus den Eiern geholt wurden, voll entwickelt und lassen die Zunge aus dem geöffneten Maul hängen. Ob sie aber tatsächlich in der Eiflüssigkeit erstickt sind, könnte nur eine Untersuchung des toten Tieres eindeutig klären. Im Gegensatz dazu warnen FERGUSON et al. (1995) ausdrücklich vor dem Absterben der Jungtiere durch zu trockene Lagerung der Eier während der Schlupfphase und nennen die Möglichkeit, sie mit Wasser oder Salzlösung zu übersprühen. Auch bei LIEBWEIN schlüpfen die Jungtiere, obwohl oder gerade weil die letzten 1–2 Wochen vor dem Schlupf das Substrat nahezu nass gehalten wird. Der spontane Schlupf eines sehr kleinen, nicht voll ausgereiften Jungtieres wurde vermutlich durch eine versehentlich zu frühe Erhöhung der Substratfeuchtigkeit ausgelöst (LIEBWEIN, mündl. Mittlg.). Untersuchungen von FERGUSON (1994) zeigten eine Korrelation einer unbegrenzten Fütterung adulter Weibchen mit dem Absterben ihrer Jungtiere kurz vor dem Schlupf. An anderer Stelle ergibt sich eine signifikante Häufung des beschriebenen Phänomens bedingt durch reduzierte Zufütterung von Vitamin D_3 und nicht ausreichende Eigensynthese durch mangelhafte UV-B-Bestrahlung (FERGUSON et al. 2002). Ähnliche Probleme

Nachdem die Schlüpflinge den Kopf aus dem Ei gestreckt haben, bleiben sie noch einige Zeit in dieser Position liegen. Foto: R. Müller

sind von Hühnereiern bekannt und wurden dort auf Vitamin-D-Defizite im Dotter zurückgeführt (NARBAITZ & TSANG 1989; PACKARD & CLARK 1996 zit. in FERGUSON et al. 2002). Es liegt also nahe, dass das Auftreten dieser Schwierigkeiten nicht auf eine einzige Ursache zurückgeführt werden kann, sondern durch verschiedene Faktoren beeinflusst wird. Bei uns traten sie besonders bei Zeitigung unter konstanten, aber auch unter wechselnden Temperaturen auf. Sehr feucht erbrütete Jungtiere schlüpften in einem Fall ohne Schwierigkeiten, während Gelege, die vergleichsweise trocken gezeitigt wurden, nicht zum Schlupf kamen und umgekehrt. Sogar innerhalb eines Geleges in einem Zeitigungsbehälter starb ein Teil der Jungtiere ab, der Rest schlüpfte problemlos (LIEBWEIN, mündl. Mittlg., eigene Erfahrungen). Vorstellbar ist, dass durch suboptimale Haltung des Muttertieres (insbesonders bei mangelhafter Versorgung) die Anlage zu dieser Störung im Embryo vorhanden ist, aber erst durch andere Faktoren während bestimmter Entwicklungsabschnitte ausgelöst wird. Eine erhöhte Feuchtigkeit während des letzten Zeitigungsabschnittes scheint beispielsweise keine negativen Auswirkungen zu haben, im mittleren Zeitabschnitt der Inkubation reagieren die Eier dagegen sehr empfindlich hierauf. Ebenso könnte das Ausbleiben eines auslösenden Reizes zum richtigen Zeitpunkt den normalen Schlupf verhindern. Dieser könnte durch eine klimatische Änderung bedingt sein, aber auch z.B. durch den weiter oben beschriebenen Austausch chemischer Substanzen zwischen den Eiern. Auch bisher weniger beachtete Faktoren könnten für dieses Problem ursächlich sein. Für Schildkröteneier wurde inzwischen nachgewiesen, dass bei unnatürlicher Erwärmung der Gelege von unten die Jungtiere falsch herum im Ei lagen und wahrscheinlich infolgedessen vor dem Schlupf abstarben (JASSER-HÄGER, mündl. Mittlg.). Auch die Beeinflussung des Geleges durch unterschiedliche Gaszusammensetzungen in der Legegrube wird vermutet (HUFER, JASSER-HÄGER, mündl. Mittlg.). Man weiß von Mississippi-Alligatoren (FERGUSON 1981) und einigen Schildkrötenarten (LEHMANN 1987), dass deren Jungtiere (wahrscheinlich) nur schlüpfen können, wenn deren Eier während der Inkubation mit Substrat bedeckt sind, weil dann das austretende Kohlendioxid nicht entweichen kann, sondern vom Substrat zurückgehalten wird und sich dort mit Wasser zu Kohlensäure verbindet, die die Kalkschale von außen korrodieren lässt. Dadurch wird diese dünner. Beide Autoren nehmen zusätzlich an, dass saure Stoffwechselprodukte von Mikroorganismen aus dem umgebenden Substrat die Eischale weiter angreifen und auch dadurch den Schlupf der Jungtiere erleichtern. Nach Verlusten von voll entwickelten Jungtieren im Ei, die abstarben ohne die Eischale aufzuschneiden, hat LUTZMANN mit abgedeckten Gelegen Schlupfraten von annähernd 100 % erzielt, und empfand die Schlüpflinge als agiler. Unser Bestreben muss also dahin gehen, alle in Frage kommenden Faktoren zu untersuchen, in unsere Überlegungen einzubeziehen und negativ wirkende Einflussgrößen zu eliminieren.

Aufzucht

Im Gegensatz zur Zeitigung verläuft die Aufzucht der Jungtiere in der Regel recht unkompliziert. Eine Gruppenhaltung von 5–10 Tieren ist in den ersten Wochen möglich, wenn die ausreichende Versorgung aller Tiere mit Futter, Wasser und Vitaminen/Mineralstoffen sichergestellt ist. Außerdem müssen die Tiere sorgfältig beobachtet werden, um ggf. in der Entwicklung zurückbleibende Exemplare rechtzeitig erkennen und separieren zu können. Spätestens im Alter von 2–3 Monaten müssen die kleinen Pantherchamäleons aber in jedem Fall ihren eigenen Behälter beziehen. Wir bevorzugen die risikoärmere Einzelaufzucht von Beginn an, da die Kontrolle ausreichender Futter- und Wasseraufnahme sowie des Wachstums und die evtl. vorgesehene Gewöhnung an Pipette oder Pinzette so erheblich vereinfacht werden. In den ersten 4–8 Wochen hat sich die Unterbrin-

Die Einhaltung einer störungsfreien Nachtruhe wirkt sich auf die Entwicklung der Jungtiere positiv aus.
Foto: B. Love/Blue Chameleon Ventures

gung in Behältern mit etwa 15–25 cm Kantenlänge und einer relativ übersichtlichen Einrichtung bewährt, die sich gut säubern lassen. Durch große Lüftungsflächen und eine nur wenige Zentimeter hohe Substratschicht kann das Becken drei- bis viermal täglich zur Deckung des Wasserbedarfs übersprüht werden und dennoch immer wieder abtrocknen, um die Zahl der Krankheitserreger möglichst gering zu halten. Zur Beleuchtung und Erwärmung reichen normalerweise 1–2 installierte Leuchtstoffröhren

Während der ersten zwei Lebensmonate sollten die Jungtiere täglich gefüttert werden. Foto: R. Müller

aus. Aufgrund der geringen Behälterhöhe ist der Einsatz UV-emittierender Vollspektrumröhren hier besonders sinnvoll. Die Temperaturen sollten tagsüber 25–28 °C erreichen und nachts nicht unter 20 °C abfallen. NEUKIRCH (2003) zog versuchsweise Jungtiere bei 23 °C und geringerer Feuchtigkeit auf, die unter diesen Bedingungen ein deutlich verlangsamtes Wachstum zeigten. Auch durch eine Angleichung dieser Parameter nach vier Monaten konnten die Unterschiede zur Kontrollgruppe nicht aufgeholt werden. Insekten aller Art in

Zur Einzelaufzucht der Jungtiere haben sich teilbare, sozusagen „mitwachsende" Becken bewährt. Foto: R. Müller

Auf kleinwüchsigen *Asparagus*-Sorten halten sich Wassertropfen besonders lange. Foto: R. Müller

Exemplare gleichen. Nur die Abmessungen können entsprechend der Körpergröße kleiner gewählt werden. Teilbare Glasbecken, die durch herausnehmbare Trennwände für eine gewisse Zeit sozusagen mitwachsen können, haben sich für Aufzuchtanlagen als praktisch erwiesen. Als Bepflanzung haben sich kleine *Ficus* und besonders kleinwüchsige *Asparagus*-Sorten bewährt, an deren feingliedrigen Blättern Wassertropfen lange haften. Die Wärmeabstrahlung der Beleuchtung ist natürlich ebenfalls der Beckengröße anzupassen, sodass als Wärmespots statt HQI- oder HQL-Brennern besser Strahler mit geringen Wattzahlen zum Einsatz kommen, z. B. Niedervolthalogenspots. Auch die Klimawerte können sich nun schrittweise denen der Eltern annähern. Die Einleitung einer trockeneren, kühleren Periode sollte allerdings erst mit 5–7 Monaten erfolgen, damit sichergestellt ist, dass die „Halbstarken" genügend Reserven bilden konnten. Ab dem fünften Monat erfolgt meist auch die Umfärbung von der durch braune, beige und graue Farbtöne geprägten Jungendfärbung in das typische Farbmuster der Adulti. Bald danach (ab dem sechsten Monat) können die Tiere bereits die Geschlechtsreife erreichen, sollten aber erst weitere 3–6 Monate später verpaart werden.

mundgerechter Größe (sicherheitshalber kann als Faustregel die Länge der Maulspalte als maximale Futtertiergröße angesehen werden) werden meist schon vom ersten Tag an geschickt erbeutet. Während dieser Zeit des starken Wachstums sollte den Jungtieren täglich hochwertig angefüttertes oder gut eingestäubtes, abwechslungsreiches Futter angeboten werden. Nach etwa zwei Monaten haben die Tiere die kritischste Zeit schon hinter sich und kommen mit einem Fastentag pro Woche gut zurecht. Nun können sie in Terrarien umziehen, die in Einrichtung und technischer Ausstattung denen adulter

Ab dem 5. Monat erfolgt die Umfärbung in das typische Farbmuster der Adulti. Foto: R. Müller

Gefährdung und rechtliche Aspekte

Übereinstimmend wird *Furcifer pardalis* in der Literatur als anpassungsfähige Art beschrieben, die verschiedenste Habitate besiedelt (NECAS 1999; FERGUSON et al. 1994; SCHMIDT & HENKEL 1989; RIMMELE 1999; eigene Beobachtungen). Neben dem vermutlich ursprünglichen Vorkommen in geschlossenen Tieflandregenwäldern bieten später entstandene Landschaftsformen wie Busch- und Grasland, Sekundärwälder, aber auch Plantagen, Parks, Gärten und sogar Dörfer und Städte offensichtlich gute Lebensvoraussetzungen für diese Art. Eine Gefährdung durch Biotopzerstörung kann für *Furcifer pardalis* somit sicherlich ausgeschlossen werden. Im Gegenteil scheint das Pantherchamäleon anders als die meisten übrigen madagassischen Chamäleonarten sogar von der Ausbreitung der Kulturflächen und der fortschreitenden Entwaldung zu profitieren. Während in geschlossenen Waldgebieten nur eine Einnischung im Kronenbereich sowie in Lichtungs- und Randgebieten möglich zu sein scheint, müssen die neu erschlossenen Landschaftsformen nur sehr begrenzt mit *Furcifer oustaleti* (RISLEY 1997; BÖHLE, schriftl. Mittl.), stellenweise auch mit *Furcifer lateralis* (NEGRO mündl. Mittl.) geteilt werden, sodass das Pantherchamäleon hier in sehr hoher Individuendichte angetroffen werden kann (SCHMIDT & HENKEL 1989; NECAS 1999). Auch die erfolgreiche Besiedelung von Réunion zeigt, wie anpassungsfähig diese Art ist. Wir halten auch eine generelle Gefährdung durch kommerziellen Handel inzwischen für gebannt. Zwar wurden vor 1999 große Mengen des Pantherchamäleons exportiert (von 1986–1999 insgesamt 103.470 Exemplare [Quelle: CITES 2001]), aber seit 1999 wird für *Furcifer pardalis* jährlich nur noch eine Exportquote von 2.000 Tieren bewilligt. Diese Quotierung wurde eingeführt, um die rasant steigende Nachfrage, verursacht durch ein Handelsverbot für fast alle anderen madagassischen Chamaeleoninae, unter Kontrolle zu halten. Wenn auch die Bedrohung dieser schönen Chamäleons als Art nicht zu erwarten ist, so könnten doch kleine, isolierte Populationen, beispielsweise auf Nosy Faly oder Nosy Tanikely aufgrund vermutlich kurzer Lebensspannen, ungünstiger Fangzeiten und massiver lokaler Entnahme bedroht sein (vgl. FERGUSON et al. 1994, 1995). Deshalb wäre es wünschenswert, wenn die Quotierung differenziert und den jeweiligen Populationsdichten der einzelnen Farbvarianten angepasst werden würde.

Eine Einschränkung der Entnahmezeiträume auf die Monate März bis Juni würde die Reproduktion im Vorkommensgebiet sicherstellen, da die adulten Weibchen (Schlüpflinge des letzten Jahres) einen Großteil ihrer Gelege schon deponiert haben. Das Abfangen juveniler Exemplare zu dieser Jahreszeit (Beginn der Trockenperiode) würde zum einen die Überlebenschancen exportierter Tiere wesentlich erhöhen, da sie in dieser Zeit gut genährt und noch nicht durch Fortpflanzungsaktivitäten geschwächt sind. Zum anderen hätte ein partielles Absammeln wahrscheinlich nahezu keinen Effekt auf den Bestand, da anzunehmen ist, dass von diesen Halbwüchsigen ohnehin nur ein Teil die folgende Fortpflanzungssaison erreichen würde. Eine Chamäleonart, die unter künstlich geschaffenen Terrarienbedingungen erfolgreich vermehrt werden kann, eignet sich natürlich auch hervorragend für „Farming" im Heimatland (vgl. FERGUSON et al. 1994, 1995). So könnten vor Ort sicherlich viele Jungtiere von guter „Qualität" herangezogen werden, die bereits von Geburt an den Menschen gewöhnt und bei medizinischer Kontrolle parasitenärmer wären. Die in letzter Zeit gewaltig gestiegenen, aber bereitwillig gezahlten Preise könnten bei einer entsprechend erhöhten Exportquote zusätzliche finanzielle Mittel einbringen, die für den Erhalt wesentlicher stärker gefährdeter madagassischer Chamäleonarten eingesetzt werden könnten, z. B. indem der Bevölkerung der Wert

Sogar Städte und Dörfer dienen *Furcifer pardalis* als Lebensraum. Foto: N. Lutzmann

nachhaltiger Nutzung ihrer natürlichen Ressourcen vor Augen geführt würde. Evtl. könnte u. a. dadurch die Abholzung der Regenwälder eingeschränkt oder sogar beendet werden.

Furcifer pardalis unterliegt den CITES-Bestimmungen (Convention on International Trade in Endangered Species, Washingtoner Artenschutzabkommen), die den Handel mit gefährdeten Tierarten in den Teilnehmerstaaten regelt. Das Pantherchamäleon ist wie alle Echten Chamäleons und die Gattung *Brookesia* (außer *Brookesia perarmata*, das in Anhang I geführt wird) in Anhang II des Washingtoner Artenschutzabkommens und daher auf Anhang B der EU-Artenschutzverordnung gelistet und somit in Deutschland meldepflichtig. Das heißt, bei Übernahme eines oder mehrerer Exemplare sind diese unverzüglich bei der zuständigen Stelle (z. B. Untere Landschaftsbehörde der Stadt oder des Kreises, Regierungspräsidium) unter Vorlage einer Bescheinigung über Herkunft und Legalität der Tiere anzumelden. Diese Bescheinigung muss vom Anbieter ausgehändigt werden und bei Nachzuchten Schlupfdatum der Tiere, Unterschrift und Anschrift des Vorbesitzers und des neuen Eigentümers sowie das Datum der Übernahme umfassen. Bei Wildfängen ist statt des Schlupfdatums die Nummer der Importgenehmigung zu vermerken. Auch eigene erzielte Nachzuchten sowie Tod oder Abgabe von Tieren sind der Behörde sofort mitzuteilen.

Um den Bestand von *Furcifer pardalis* in der Natur scheint es also gut bestellt zu sein – auf einem anderen Blatt stehen jedoch Aspekte des Tierschutzes. Sind die Importzahlen in die EU auch klein genug, um den Bestand auf Madagaskar nicht zu gefährden, so sind sie dennoch ausreichend, um die Frage aufkommen zu lassen, warum es sich zeitweise schwierig gestaltet, Nachzuchten zu erstehen. Immerhin wurden 1990–1999 insgesamt 11.403 Exemplare aus Madagaskar in die EU eingeführt. Interessanterweise wurden in diesem Zeitraum bis einschließlich 1996 keine Pantherchamäleons direkt nach Deutschland importiert, sodass die in dieser Zeit vorhandenen Wildfänge nur durch den Warenverkehr innerhalb der EU erklärbar sind. Von 1997–2001 wurden insgesamt 1.990 Pantherchamäleons aus Madagaskar nach Deutschland eingeführt (Quelle: World Conservation Monitoring Center). Hier ist sicherlich zu berücksichtigen, wie viele der importierten Tiere denn tatsächlich in einem Erfolg versprechenden Zustand die Terrarien der Privathalter erreichten. Zum einen dürfte die Einfuhr adulter Tiere, die ja meist schon den Großteil ihrer Lebensspanne und ihre mutmaßlich einzige Fortpflanzungssaison (s. Kap. Biologie) hinter sich haben, Haltungs- und Zuchterfolge einschränken. Zum anderen limitieren leider immer noch Fang, Transportstress und teilweise unsachgemäße Haltung in Sammellagern, bei Ex- und Importeuren, im Groß- und Einzelhandel, aber auch in Privathand die zur Verfügung stehenden Exemplare mit positiver Prognose beträchtlich. Eine Informationspflicht zu Haltungsansprüchen bei Weitergabe solch hoch spezialisierter Tiere, aber auch eine konsequente Anwendung bestehender Gesetze und Vorschriften würde dieses Problem zumindest mildern. Schließlich besteht für die Behörden auch heute schon die Möglichkeit, Sachkunde und tiergerechte Unterbringung in Privathand, besonders aber im gewerblichen Handel zu überprüfen. Erstaunlich ist auch, dass auf Börsen immer noch Chamäleons in unbelüfteten Heimchendosen ohne Versteckmöglichkeiten angeboten werden, obwohl inzwischen bekannt sein dürfte, dass dies aufgrund der Lebensweise und des Frischluftbedürfnisses für diese Reptilien gewaltige Belastungen mit sich bringt. Auch wenn sich über die genaue Ausgestaltung solch einer temporären Unterbringung diskutieren lässt, sollte doch hier die Regel gelten „im Zweifel zum Vorteil des Tieres", zumal inzwischen der Tierschutz ins Grundgesetz aufgenommen wurde (vgl. auch RIETZE 2003)!

Zu Problemen ganz anderer Natur kann es bei der Haltung von Pantherchamäleons in Miet-wohnungen kommen. Normalerweise ist die Haltung von Kleintieren in Mietwohnungen erlaubt, sie kann auch nicht durch ein allgemeines Verbot der Tierhaltung im Mietvertrag ausgeschlossen oder von der Erlaubnis des Vermieters abhängig gemacht werden (WUM 1993). Dies gilt ausdrücklich auch für exotische und ungewöhnliche Kleintiere, soweit ihre Anzahl das „übliche Maß" nicht überschreitet und von ihnen keine Beeinträchtigung der Mietsubstanz oder störende Außenwirkungen zu erwarten sind. Eine heftige persönliche Aversion des Vermieters oder anderer Mitmieter stellt hierbei kein objektiv nachvollziehbares Interesse dar und berührt die vertraglichen Vereinbarungen nicht. Das Amtsgericht Köln (WUM 1990) hält die Haltung von 24 ungefährlichen Schlangen in der Wohnung für zulässig, obwohl eine persönliche Abneigung des Vermieters bestand! Zur Chamäleonhaltung liegen uns keine Urteile oder Kommentare vor, jedoch lässt sich eine Entscheidung des Amtsgerichts Essen (ZMR 1996) bezüglich Bartagamen sehr gut übertragen. Es hält deren Haltung für zulässig, obwohl im Mietvertrag nur Zierfische und Ziervögel von einem Haltungsverbot ausgenommen waren. Mit einer Gesamtlänge von bis

Eine Anlage zur Chamäleonhälterung bei einem madagassischen Exporteur nahe Mandraka. Foto: B. Love/Blue Chemeleon Ventures

Der faszinierenden Wirkung eines Pantherchamäleons kann sich kaum einer entziehen. Foto: K. Liebel

zu 40 cm wurden die Bartagamen als Kleintiere eingeschätzt. Ausdrücklich wurde auf das passive und träge Verhalten dieser Tiere hingewiesen, weshalb nicht zu befürchten sei, dass die Tiere außerhalb der Wohnung gelangen. Die Größenangaben scheinen uns vergleichbar, an „wenig flinkem Verhalten" dürfte *Furcifer pardalis* eine Bartagame sogar übertreffen! Allerdings wurde vom Landgericht Essen die Haltung einer Ratte auch in einem geschlossenen Terrarium untersagt, da Ratten, selbst wenn sie ausbruchssicher untergebracht sind, Ekel auslösen könnten, als Krankheitsüberträger und für ihre unzählige Weitervermehrung bekannt seien sowie als Ungeziefer gelten. Leider alles Kriterien, die wohl auch auf die meisten Futtertiere anwendbar sind, sodass sie gelegentlich

das eigentliche Problem darstellen dürften. Versuchen sie also, das Entweichen und die Geruchs- und Geräuschbelästigung so gering wie möglich zu halten. Glücklicherweise sind im Fachhandel effektive Klebefallen für Insekten erhältlich, und nicht alle Futtertiere veranstalten nächtliche Konzerte. Die prophylaktische, freundliche Inkenntnissetzung der Nachbarn erweist sich außerdem oft als wirkungsvollste Maßnahme. Nutzen sie ruhig die faszinierende Wirkung der chamäleonspezifischen Eigenheiten, denen sich kaum jemand verschließen kann. Dann führt vielleicht auch nicht jedes Heimchen auf dem Hausflur zu Streitigkeiten. Aber Vorsicht, es könnte sein, dass ihre Wohnung zum täglichen Treffpunkt von interessierten Nachbarskindern wird !

Danksagung

Besonderen Dank möchten wir Prof. W. Böhme (Bonn) aussprechen, der nicht nur mit seltener Literatur und wertvollen Anregungen geholfen hat, sondern auch noch die Zeit fand,während der arbeitsintensiven Tage der Neueröffnung des Museum Koenig in Bonn das Manuskript durchzusehen und ein Geleitwort zu verfassen.

Für die kritische Durchsicht des Kapitels „Krankheiten" danken wir Tierarzt K. Biron (Düsseldorf), der uns aufgrund seiner Erfahrungen mit Reptilien manch aktuellen Tipp geben konnte. Für die rechtliche Beratung bei der Erstellung des Abschnittes „Pantherchamäleons in Mietwohnungen" sei Herrn Ass. R. Herholz (Berlin) vom BfW gedankt.

Wunderschöne und unverzichtbare Fotos stellten uns F. Andreone (Turin), A. Böhle (Liebenau), G. Eggers, F. Glaw (München), B. Love (Florida), K. Liebel (Herne), C. Neukirch (Berlin), K. Schmidt (München) und M. Vences (Amsterdam) zur Verfügung, die uns außerdem noch wertvolle Informationen über Madagaskar, *Furcifer pardalis* im Biotop und/oder in Menschenobhut gaben. Stellvertretend für viele andere, die uns durch Mitteilungen, Hinweise, Anregungen, Diskussionen sowie die Beschaffung von Literatur das Verfassen dieses Buches erst ermöglicht haben, seien hier namentlich genannt: U. Bott (Bonn), Fam. Brendick (Waltrop), R. Clarkson (Althausen), E. Edwards (Antananarivo), G. Ferguson (Fort Worth), A. Flamme (Bad Nauheim), S. Furrer (Zürich), M. Grimm (Schönbühl), I. Jasser-Häger (Hürth), J.-M. Hatt (Zürich), H. Hufer (Solingen), J. Liebwein (Waldshut), F. Mattioli (Genua), J. McKinnon (Maroansetra), F. Mittenzwei (Bierbergemünd-Bieber), T. Negro (Kamp-Lindfort), M. Ott (Tübingen), J. Pietschmann (Aalen), D. u. R. Rutsch (Belm), W. Schmidt (Soest), A. Schmitz (Bonn), K. Tamm (Hofheim/Ts.), H.W. Walbröl (Bonn) sowie natürlich die AG Chamäleons in der DGHT, andere, dort nicht organisierte Züchter und die Mitarbeiter der DGHT-Geschäftsstelle.

H.D. Walbröl und A. Kindler (beide Wachtberg) übersetzten in mühsamer Arbeit japanische Texte, auch hierfür ein herzliches Dankeschön.

Ebenso dem Natur und Tier - Verlag für seine Geduld und den Lektoren für das Beseitigen so mancher sprachlicher und sachlicher „Schnitzer"!

Pantherchamäleons danken artgerechte Haltung mit ihrem interessanten Verhalten. Foto: K. Liebel

Kontaktadressen

DGHT (Deutsche Gesellschaft für Herpetologie und Terrarienkunde), Wormersdorfer Str. 46–48, D-53359 Rheinbach, Tel: 02225 - 70 33 33, Fax. 02225 - 70 33 38

AG Chamäleons der DGHT,
c/o Ulrike Walbröl, Breslauer Str. 19,
53913 Swisttal-Morenhoven,
http://www.chamaeleonag.de

Chamäleonkompetenzzentrum im Zoo Zürich
Nicolà Lutzmann, Zürichbergstrasse 221
8044 Zürich, Schweiz,
Tel: 0041/1/25425-28, Fax: -51,
E-Mail: nicola.lutzmann@zoo.ch

Laboradressen

Viele Veterinäruntersuchungsämter, aber auch Tierärzte bieten die Möglichkeit zu parasitologischen Untersuchungen und Nekropsien an. Überregional bekannt sind:

GeVo Diagnostik, Gesellschaft für medizinische und biologische Untersuchungen mbH,
Jakobstr. 65, 70794 Filderstadt,
Tel: 07158/60660
http://www.gevo-diagnostik.de

exomed, Institut für veterinärmedizinische Betreuung niederer Wirbeltiere und Exoten GbR,
Am Tierpark 64, 10319 Berlin,
Tel: 030/ 51067701, Fax: 030/51067702
http://www.exomed.de

Veterinärmedizinische Fakultät der Universität Giessen,
Frankfurter Str. 87,
35392 Giessen
http://www.vetmed.uni-giessen.de

Bezugsadressen

(von im Text angegebenen Produkten)

Miner-All:
Chamäleon Paradies, Alexandra Busch,
Segelfliegerdamm 67-89, Haus 1,
12487 Berlin, Tel: 030-63 97 89 01,
http://www.chamaeleonparadies.ist-hier.de

Amivit R / spez. Chamäleon-Terrarien:
E.N.T. Terrarientechnik GmbH,
46459 Rees, Tel: 02851-965880, Fax: 02851-965882
http://www.terrarientechnik.de

Aluminium-Steck-Systeme:
3D-plastic Hans Kintra GmbH,
Einruhrstr. 92, 41199 Mönchengladbach,
Tel: 02166-43033, Fax: 02166-41051,
http://www.3d-plastic.de

Zeitschriften

REPTILIA Terraristik-Fachmagazin, erscheint sechsmal jährlich (Natur und Tier - Verlag GmbH, An der Kleinmannbrücke 39/41, 48157 Münster, Tel.: 0251-133390, E-Mail: verlag@ms-verlag.de, www.ms-verlag.de)

DRACO - Terraristik-Themenheft, erscheint viermal jährlich (Natur und Tier - Verlag GmbH, s. o.)

Sauria - Terraristik und Herpetologie, erscheint viermal jährlich (Terrariengemeinschaft Berlin e. V., Barbara Buhle, Planetenstr. 45, 12057 Berlin)

herpetofauna, Zeitschrift für Amphibien- und Reptilienkunde, erscheint sechsmal jährlich (herpetofauna Verlags-GmbH; Hans-Peter Fuchs, Römerstrasse 21, 71384 Weinstadt)

DATZ – Die Aquarien- und Terrarien-Zeitschrift, erscheint monatlich (Verlag Eugen Ulmer, Wollgrasweg 41, 70599 Stuttgart)

Literatur

ABATE, A. (1999): Reports form the field: Madagaskar, Ambanja and Ankify.– CIN Journal 33: 13–19

AMTSGERICHT ESSEN (1996).– Zeitschrift für Miet- und Raumrecht: 730

AMTSGERICHT KÖLN (1990).– Wohnungswirtschaft und Mietrecht: 343

ANDERSON, C. & K. BARNETT (2003): Vibratory Calls in True Chameleons.– Internet: www. chameleonnews.com/year2003/may2003/infrosound/infrasound.html (Stand: 3.10.2003)

ANDREONE, F., F.GLAW, R.A. NUSSBAUM, C.J. RAXWORTHY, M.VENCES & J.E. RANDRIANIRINA (2003): The amphibians and reptiles of Nosy Be (NW Madagascar) and nearby islands: a case study of diversity and conservation of an insular fauna.– J. Nat. Hist., 37(17): 2119–2149.

ANDREONE, F., J.E. RANDRIANIRINA, P.D. JENKINS & G. APREA (2000): Species diversity of Amphibia, Reptilia and Lipotyphla (Mammalia) at Ambolokopatrika, a rainforest between the Anjanaharibe-Sud and Marojejy massifs, NE Madagascar.– Biodiversity and Conservation, 9: 1587–1622.

ANGEL, M.F. (1921): Contribution à l'étude des Chamaeleons de Madagascar. – Bull. Mus. Hist. nat. Paris, 27(5): 328–412.

ANNIS II, J.M. (1993): Chameleon Profile: Chamaeleo calyptratus.– CIN Journal, 10: 17–27

- (1995): Veiled Chameleon.– Care and Breeding of Panther, Jackson's, Veiled an Parson's Chameleon. – The Herpetocultural Library, California, USA: 77–96

BARNETT, K.E., R.B.COCROFT & L.J. FLEISHMAN (1999): Possible Communication by Substrate Vibration in a Chameleon. – Copeia 1: 225–228.

BARTLETT, R.D. & P.P. BARTLETT (1995): Chameleons. – Barrons Educational Series, Inc.. New York, 103 S.

BÖHME, W. & CH. KLAVER (1981): Zur innerartlichen Gliederung und zur Artgeschichte von Chamaeleo quadricornis, 1899 (Sauria: Chamaeleonidae).– Amphibia-Reptilia, 4: 313–328.

BÖHME, W. (1997): Eine neue Chamäleonart aus der Calumma-gastrotaenia-Verwandtschaft Ost-Madagaskars. – herpetofauna, Weinstadt, 19(107): 5–10.

BOULENGER, G.A. (1888): Describtions of two new chameleons from Nossi-Bé, Madagascar. – Ann. Mag. Nat. Hist., 6(1)1: 22–23.

BOURGAT, R.M. (1967): Introduction à l'étude écologique sur le Caméléon de l'Ile de la Réunion, Chamaeleo pardalis CUVIER. – Vie et Milieu (C), 18(1): 221–230.

- (1968a): Étude des variations annuelles de la densité de population de Chamaeleo pardalis CUVIER, 1829 dans son biotope de l'Ile de la Réunion. – Vie et Milieu (C), 19(1) : 227–232.

- (1968b): Accouplement du Chamaeleo pardalis CUVIER de l'Ile de la Réunion. –Rev. Comp. Ani., T. 2 : 78–81.

- (1968c): Comportement de la femelle de Chamaeleo pardalis CUVIER, 1829 après l'Accouplement. – Bull. Soc. Zoo. France, T. 93 : 355–356.

- (1969): Recherches sur les variations annuelles de la spermatogenèse chez le C. pardalis CUVIER de l'Ile de la Réunion. – Vie et milieu (C), 19(2): 497–502.

- (1970): Recherches écologiques et biologiques sur le Chamaeleo pardalis CUVIER, 1829 de l'Ile de la Réunion et de Madagascar. – Bull. Soc. Zoo. France, T. 95(2) : 259–269.

- (1971): Vie en Captivité de Caméléons Malgaches. – Aquarama Revue Aquariophile Trimestrielle, 5(16): 41–44.

- (1972): Biographical Interest of Chamaeleo pardalis CUVIER, 1829 (Reptilia, Squamata, Chamaeleonidae) on Reunion Island. – Herpetologica, 28(1): 22–24.

BOWMAKER, J.K, E.R. LOWE & M. OTT (2000): Porphyropsins and rhodopsins in Chameleons, Chamaleo dilepis and Furcifer lateralis. – IOVS 41(4): 3177–3275.Bruse, F., M. MEYER & W. SCHMIDT (2003): PraxisRatgeber Futtertiere.– Edition Chimaira, Frankfurt/M., 143 S.

BRYGOO, E.R. (1969): Chamaeleo guentheri BOULENGER, 1888, synonyme de C. pardalis CUVIER, 1829. – Bull. Mus. Nat. Hist. Nat., Paris, (2)41(1): 117–121.

- (1971): Reptiles Sauriens Chamaeleonidae. Genre Chamaeleo. – Faune de Madagascar, ORSTOM et CNRS, Paris, 33: 1–318.

- (1983): Les types de Caméléonidés (Reptiles, Sauriens) du Muséum national d'Histoire naturelle Catalogue critique. – Bull. Mus. Nat. Hist. nat., Paris, Sec.A Suppl. 4(3): 1–26.

BRYGOO, E.R. & C.A. DOMERGUE (1968) : Les caméléons a rostre impair et rigide de l'ouest de Madagascar. – Mém. Mus. Hist. nat. Paris, 52(A): 71–110.

BUNDESGERICHTSHOF (1993).– Wohnungswirtschaft und Mietrecht 1993: 109

CHABANAUD, P. (1923a): Description d'un Chamaeleon nouveau d'Indochine et d'un exemplaire monstrueux d' Enhydris hardwicki GRAY. – Bull. Mus. Nat. Hist. Nat., Paris, 29: 209–210.

- (1923b): Sur divers Vertébrés à sang froid de la région Indochinoise. – Bull. Mus. Hist. nat. paris, 29: 558–559.

CITES -World Conservation Monitoring Center (2001).– CIN Journal, 41: 16–18

CUVIER, G. (1829): Règne Animal (2. Aufl.). – Libr. Deterville, Paris, 11: 60–61.

DAVISON, L. (1997): Chameleons - Their Care and Breeding. – hancock-house publishers, 112 S.

DE VOSJOLY, P.& G.W. FERGUSON (HG.) (1995) : Care an Breeding of Panther, Jackson's, Veiled and Parson's Chameleon.– The Herpetocultural Library, California, USA,128 S.

DIERENFELD, E.S. & D. BARKER (1995): Nutrient Composition of whole Prey commonly fed to Reptiles and Amphibians. – Proceedings of the Association of Reptilian and Amphibian Veterinarians, Sacramento, California.

DISCHNER, H. (1958): Zur Wirkungsweise der Zunge bei Chamäleons. – Natur und Volk, 9: 320–324.

DOST, U. (2001): Chamäleons.– Ulmer, Stuttgart, 95 S.

DUMÉRIL, A. & G. BIBRON (1836): Erpétologie générale ou histoire naturelle complète des reptiles. – Paris, 216 S.

EASON, P.K, G.W. FERGUSON & J. HEBRARD (1988): Variation in Chamaeleo jacksonii (Sauria: Chamaeleonidae): Description of a New Subspecies.– Copeia (3): 580–590

FAHR, A. (1910): Das Panther Chamäleon und das Gemeine Chamäleon in Gefangenschaft.– Bl. Aquar. Terrar. Kunde 21: 825–827, 846–849

FERGUSON, G.W. (1981): Microbial Degradation of the Alligator Eggshell. – Science 214(4525): 1135–1137.

- (1991): Ad-Libitum Feeding Rates, Growth, and Survival of Captive-hatched Chameleons (Chamaeleo pardalis) from Nosé Be Island, Madagascar. – Herp Review, 22(4): 124–125.

- (1994): Old World Chameleons in Captivity: Growth, Maturity, and Reproduction of Malagasy Panther Chameleons (Chamaeleo pardalis). – In: MURPHY, J.B., ADLER, K. & J.T. COLLINS (Hg.): Captive Management and Conservation of Amphibians and Reptiles. – Contributions to Herpetology, Soc. Stud. Amph. Rept., Ithaca (New York), 11: 323–331.

FERGUSON, G.W., J.B. MURPHY, A. RASILEMANANA, J.B. RAMANAMANJATO & J.M. ANNIS (1994): Chameleon Profile: The Panther Chameleon (Chamaeleo pardalis). – CIN Journal, 11: 11–20

FERGUSON, G.W., J.B. MURPHY, A. RASELEMANANANA & J.-B. RAMANANMANJATO (1995): Panther Chameleon (Chamaeleo pardalis). – In: DE VOSJOLI, P. & G.W. FERGUSON (eds.): Care and breeding of Panther, Jackson's, Veiled and Parson's Chameleons. – The

Chameleon Keeper's Reference Series 1: Advanced Vivarium Systems, Inc., Santee, California: 5–32.

FERGUSON, G.W., J.R. JONES, W.H. GEHRMANN, S.H. HAMMACK, L.G. TALENT, R.D. HUDSON, E.S. DIERENFELD, M.P. FITZPATRICK, F.L. FRYE, M.F. HOLICK, T.C. CHEN, Z. LU, T.S. GROSS & J.J. VOGEL (1996): Indoor Husbandry of the Panther Chameleon *Chamaeleon [Furcifer] pardalis*: Effects of Dietary Vitamins A and D and Ultraviolet Irradiation on Pathology and Life-History Traits. – Zoo Biology, 15: 279–299.

FERGUSON, G.W., W.H. GEHRMANN, T. CHEN, M.F. HOLICK & M.J. RUSSELL (1998): Ultraviolet Light Requirements of Panther Chameleons in Captivity. – In: HOLICK, M.F. & E.G. JUNG (Hg.): Biologic Effects of Light 1998 – Proceedings of a Symposium. – Kluwer Academic Publishers: 137–140.

FERGUSON, G.W., W.H. GEHRMANN, H. HAMMACK, T.C. CHEN & M.F. HOLICK (2001): Effects of Dietary Vitamin D and UVB Irradiance on Voluntary Exposure to Ultraviolet Light, Growth and Survival of the Panther Chameleon *Furcifer pardalis*. – In: HOLICK, M.F. (Hg.): Biologic Effects of Light 2001 – Proceedings of a Symposium. – Kluwer Academic Publishers: 193–203.

FERGUSON, G.W., W.H. GEHRMANN, T.C. CHEN, E.S. DIERENFELD & M.F. HOLICK (2002): Effects of Artificial Ultraviolet Light Exposure on Reproductive Success of the Female Panther Chameleon (*Furcifer pardalis*) in Captivity. – Zoo Biology, 21: 525–537.

FERGUSON, G.W., J.B. MURPHY, J-B. RAMANANMANJATO & A. RASELEMANANANA (im Druck): The Panther Chameleon: Color Variation, Natural History, Conservation and Captive Management, Malabar.

FLEISHMAN, L.J., E.R. LOEW & M. LEAL (1993): Ultraviolet vision in lizards.– nature 365: 397

FRIEDERICH, U. (1985): Beobachtungen an *Rhampholeon kerstenii kerstenii* (Peters, 1868) im Terrarium (*Sauria: Chamaeleonidae*). – Salamandra 21(1): 40–45

FROST, D. & R. ETHERIDGE (1989): A Phylogenetic Analysis and Taxonomy of Iguanian Lizards. –Univ. Kansas Mus. Nat. Hist. Misc. Publ., 81: 1–65.

GLAW, F. & M. VENCES (1994): A Fieldguide to the Amphibians and Reptiles of Madagascar 2nd edition. – M. Vences & F. Glaw Verlags-GbR, Köln: 480 S.

- (2001): Ein seltenes Chamäleon aus Madagaskar. – DATZ, 54(7): 16–19.

GRIMM, M. & A. RUCKSTUHL (1999): Das Pantherchamäleon (*Furcifer pardalis*) auf La Réunion. –*elaphe* n.f., 7(1): 101–105.

GRAF, A. (1995): Vorstellung der in der Zuchtgemeinschaft Chamaeleonidae gezüchteten Chamäleonarten. Teil III: *Furcifer oustaleti* (MOCQUARD, 1894). – Sauria, 17(3): 23–28.

GÜNTHER, A. (1891): Eleventh Contribution to the Knowledge of the fauna of Madagascar. – Ann. Mag. Nat. Hist., 8: 287–288.

HATT, J.-M., E. HUNG & M. WANNER (2003): The influence of diet on the body composition of the house cricket (*Acheta domesticus*) and comsequences for their use in zoo animal nutrition. – Der Zoologische Garten N. F., 73(4): 238–244.

HAUSCHILD, A., E.WALLIKEWITZ & D. KUBKE (1993): Faszinierende Pantherchamäleons. – DATZ, 46(11): 704–707.

HENKEL, F.-W. & S. HEINECKE (1993): Chamäleons im Terrarium. – Landbuch Verlag, Hannover: 158 S.

HENKEL, F.-W. & W. SCHMIDT (1995): Amphibien und Reptilien Madagaskars, der Maskarenen, Seychellen und Komoren. – Ulmer, Stuttgart: 311 S.

HERREL A., J.J. MEYERS, P. AERTS & K.C. NISHIKAWA (2000): The Mechanics of Prey Prehension in Chameleons. – J. Exp. Biol., 203: 3255–3263.

HILDENHAGEN, TH. (2003): Bemerkungen zur Haltung, Nachzucht und zum Verhalten des Kammchamäleons *Chamaeleo (Trioceros) cristatus* (Stutchbury 1837).– CHAMAELEO, Mitteilungsblatt der AG Chamäleons in der DGHT e.V., 26: 26–32

HILLENIUS, D. (1959): The differentiation within the genus *Chamaeleo* LAURENTI, 1768. – Beaufortia, 8(89): 1–92.

HILLENIUS, D. (1963a): Notes on Chameleons I. Comparative cytology: aid and new complications in Chameleon-taxonomy.– Beaufortia 108 (9): 201–218

HILLENIUS, D. (1963b): Notes on Chameleons II. *Chamaeleo laevigularis* (L.MÜLLER, 1926) a synonym of *Chamaeleo johnstoni* (BOULENGER, 1901).– Beaufortia 10(117): 44–47

HOFMAN, A., L.R. MAXSON & J.W. ARNTZEN (1991): Biochemical evidences pertaining to the taxonomic relationships within the family Chamaeleonidae. – Amphibia-Reptilia, 12: 245–265.

HOU, L. (1976): New materials of Palaeocene Lizards of Anhui. – Vertebrata Palasit., 14(1): 45–52.

JONES, J.R., G.W. FERGUSON, W.H. GEHRMANN, M.F. HOLICK, T.C. CHEN & Z. LU (1996): Vitamin D Nutritional Status Influences Voluntary Behavioral Photoregulation in a Lizard. – In: HOLICK, M.F. & E.G. JUNG (Hg.): Biologic Effects of Light 1995 – Proceedings of a Symposium. – Walter de Gruyter, Berlin, New York: 49–55.

KÄSTLE, W. (1982): Schwarz vor Zorn - Farbwechsel bei Chamäleons. – aquarien magazin, 12: 757–759.

KÄSTLE, W. (1997): Color changes in Chameleons. – Reptiles Hobbyist, Neptune City 2(7): 33–34.

KIMURA, H., Y. ITOU & O. TANAKA (1998): The Chameleon Museum, Japan, 160 S.

KIESELBACH, D., R. MÜLLER & U. WALBRÖL (2001): Ihr Hobby, Chamäleons.– bede, Ruhmannsfelden, 95 S.

KLAVER, C. (1973): Lung-anatomy: aid in Chameleon taxonomy. – Beaufortia, 20(269): 155–177.

- (1977): Comparative lung-morphology in the genus *Chamaeleo* LAURENTI, 1769 (Sauria: Chamaeleonidae) with a discussion of taxonomic and zoogeographic implications. – Beaufortia, 25(327): 167–199.

- (1981): Lung-morphology in the Chamaeleonidae and its bearing upon phylogeny, systematics and zoogeography. – Z. Zool. Syst. Evolutionf., 19: 36–58.

KLAVER, CH. & W. BÖHME (1986): Phylogeny and classification of the Chamaeleonidae (Sauria) with spezial reference to hemipenis morphology. – Bonn. Zool. Monogr., 22: 5–60.

KLINGELHÖFER, W. (1931): Terrarienkunde.– Verlag Wegner, Stuttgart, 590 S.

- (1957): Terrarienkunde, 3.Teil Echsen.– A. Kernen Verlag, Stuttgart, 246 S.

KREFFT, P. (1909): Ostafrikanische Reiseberichte IV. – Bl. Aqua.Terra. Kunde, 20(41): 634–637.

- (1926): Das Terrarium.– Verlag für Naturliebhaberei, Berlin, 690 S.

LAND, M.F. (1995): Fast-focus telephoto eye. – nature 373: 658–659

LANGHOLZ, M. (2004): Physiologie des Auges: Akkomodation. http://home.t-online.de/home/langholz.m/Auge/physioakk.htm (Stand: 12.02.04)

LE BERRE, F. (1995): The new Chameleon Handbook. – Barrons Educational Series, New York, 128 S.

LEHMANN, H. (1987): Hypothetische Überlegungen zur Schlupfproblematik von künstlich inkubierten Gelegen südamerikanischer Schildkrötenarten der Familie Chelidae. – Salamandra 23(2/2): 73–77.

LESSON, R.P. (1832): Illustrations de zoologie ou choix de figures peintes d'après nature des espèces inédites et rares d'animaux récemment découvertes et accompagnée d'un texte descriptif général et particulier. – In: BERTRAND, A. (Hg.): Illustrations de Zoologie. – Paris, 34: 1–16.

LIECKFELD, C.-P. (2002): In der Welt der kleinen Drachen.– GEO 2: 40–58

LIEBEL, K. & W. SCHMIDT (2000): Madagaskar-Naturreiseführer. – Natur und Tier - Verlag, Münster, 272 S.

LINNAEUS, C. (1758): Systema naturae. – 10. Aufl., Stockholm.

LUTZMANN, N. (in Vorb.): *Calumma nasuta*: Eine sehr variable Chamäleonart?.

LUTZMANN, N. (2003): Das hochfrequente Vibrieren und die Auswirkungen auf die Haltung bei Chamäleons. – CHAMAE-LEO, Mitteilungsblatt der AG Chamäleons in der DGHT e.V. 25: 20–21.

MARTIN, J. (1992): Chameleons: Nature´s Masters of Disguise.– Blandfort, London, 176 S.

MASURAT, G. (2000): Chamäleons in menschlicher Obhut.– DRACO 1(1): 32–51

MEIER, M. (1979): Eine ehrliche Haut. – GEO 2: 32–48.

MERTENS, R. (1966): Liste der rezenten Amphibien und Reptilien. Chamaeleonidae. – Das Tierreich (Verlag Walter de Gruyter), Berlin, 83, 37 S.

MITTENZWEI, F. (2003): Fortpflanzungsstörungen bei Reptilien.– Zusammenfassung der DGHT-Jahrestagung in Lünen, Rheinbach,

MOCQUARD, F. (1909): Synopsis des familles, genres et espèces des Reptiles écailleux et des Batrachiens de Madagascar. – Nlles. Arch. Mus. Hist. nat., Paris, 5 sér., 1: 100 S.

MOODY, S.M. & Z. ROCEK (1980): *Chamaeleo caroliquarti* (Chamaeleonidae, Sauria): a new species from Lower Miocene of central Europe. – Vestnik Ustredniho ustavu geologickeho, 55(2): 85–92.

MÜLLER, M.J. (1996): Handbuch ausgewählter Klimastationen der Erde (5. Aufl.). – Universität Trier, 400 S.

NECAS, P. (1991a): *Chamaeleo calyptratus calyptratus*.– herpeto-fauna, Weinstadt 13(73): 6–10

- (1991b): Einige Bemerkungen zur Biologie von *Chamaeleo calyptratus* .– Zusammenfassung DGHT-Jahrestagung, Bonn, 1991

- (1991c): Einige Anmerkungen zur Biologie von *Chamaeleo calyptratus*. – CHAMAELEO, Mitteilungsblatt der AG Chamä-leons in der DGHT 3 : 3

- (1999): Chamäleons - Bunte Juwelen der Natur (2. Aufl.). – Edition Chimaira, Frankfurt a.M., 351 S.

NECAS, P. & D. MODRY (2000): Chamäleons, die Abstammung und Systematik der Erdlöwen. – DRACO 1(1): 4–19

NEUKIRCH, C. (2003): Versuche zur Auswirkung verschiedener Parameter bei der Aufzucht von *Furcifer pardalis* (CUVIER 1829).– CHAMAELEO, Mitteilungsblatt der AG Chamäleons, 27: 5–9

NEWLAND, M.C. (1996): Madagascar-the land of the thorns. A land where one goes thirsty, where one often goes hungry, and where the people are strong and proud.– CIN Journal 19: Part I, 20–27; 20: Part II, 21–29

OCHSENBEIN, A. & M. ZAUGG (1992): Haltung und Aufzucht des Pantherchamäleons *Furcifer pardalis* (CUVIER, 1829). – herpeto-fauna, Weinstadt, 14(79): 6–12.

OTT, M. (1995): Die besondere Optik des Chamäleon-Auges. – Spektrum der Wissenschaft 9: 20–22

OTT, M. & SCHAEFFEL, F. (1995): A negatively powered lens in the chameleon. – nature, 373: 692–694.

PARCHER, S.R. (1974): Observation of the natural histories of six Malagasy Chamaeleontidae.– Z. Tierpsychol., 34: 500–523

PETTIGREW, J.D., COLLIN, S.P. & M. OTT (1999): Convergence of specialised behaviour, eye movements and visual optics in the sandlance (Teleostei) and the chameleon (Reptilia). –Current Biology, 9(8): 421–424.

PONGRATZ, H. (1989): Nachzucht des Pantherchamäleons *Chamaeleo (Furcifer) pardalis*. – DATZ , 42(2): 97–98.

RABINOWITZ, P.D., COFFIN, M.F. & D. FALVEY (1983): The sepe-ration of Madagascar and Africa. –Science, 220: 67–69.

RAMANANTSOA, G.-A. (1974): Connaissance des Caméléonidés communs de la Province de Diégo-Suarez par la Population Paysanne. – Bull. Acad. Malg., 51(1): 147–149.

RAXWORTHY, C.J. (1988): Reptiles, Rainforest and Conservation in Madagascar. – Biological Conservation, 43:181–211.

- (1990): herpetofauna of the Threatened Rain Forests of Madagascar - a unique Habitat. – Bull. Brit. Herp. Soc., 33: 1–3.

- (1991): Field observation on some dwarf chameleons (*Brookesia* spp.) from rainforest areas of Madagascar with the des-cription of an new species. – J. Zool., London, 224: 11–25

RAXWORTHY, C.J., F. ANDREONE, R.A. NUSSBAUM, N. RABIBISOA & H. RANDRIAMAHAZO (1998): Amphibians and Reptiles of the Anjanaharibe-Sud Massif, Madagascar: Elevational Distribution and Regional Endemicity. – In: GOODMAN, S.M. (Hg.): A floral and faunal inventory of the Réserve Spéciale d'Anjanaharibe-Sud, Madagascar: with reference to elevational variation. – Fieldiana: Zoology, Chicago, 90: 79–92.

RAXWORTHY, C.J., M.R.J. FORSTNER & R.A. NUSSBAUM (2002): Chameleon radiation by oceanic dispersal. – nature, 415: 784–786.

RIETZE, H.-D. (2003): Nichterteilen von Erlaubnissen nach § 11 Tierschutzgesetz für Reptilienbörsen.– *elaphe*, 11(3): 18–19

RIMMELE, A. (1999): Vorstellung der in der Zuchtgemeinschaft Chamaeleonidae gezüchteten Chamäleons Teil VI: Erkenntnisse aus der mehrjährigen Pflege und Zucht, sowie einige Freiland-beobachtungen am Pantherchamäleon, *Furcifer pardalis* (CUVIER, 1829). – Sauria, 21(2): 27–36.

RISLEY, T. (1997): Field Observation on the Panther Chameleon *Chamaeleo (Furcifer) pardalis* CUVIER, 1829.– CIN Journal 24: 17–29

SARMIENTO, E.E., T.M. BUTYNSKI & J. KALINA (1996): Gorillas of Bwindi-Impenetrable Forest and the Virunga Volcanoes: Taxonomic implications of morphological and ecological differen-ces. – Am. J. Primatol., 40: 1–21.

SCHIFTER, H. (1965): Erfahrungen mit einem Pantherchamäleon *Chamaeleo pardalis* (CUVIER, 1829). – Zoologischer Garten, Leipzig, 30(3/4): 179–181

SCHLEICH, H.-H. & W. KÄSTLE (1979): Hautstrukturen als Kletteranpassungen bei *Chamaeleo* und *Cophotis* (Reptilia: Sau-ria: Chamaeleonidae, Agamidae). – Salamandra, 15(2): 95–100.

SCHMIDT, W. (1987): Bemerkungen über das Pantherchamäleon *Furcifer pardalis*. – herpetofauna, Weinstadt, 9(47): 21–24.

- (1999): *Chamaeleo calyptratus* - Das Jemenchamäleon. – Natur und Tier - Verlag, Münster, 80 S.

SCHMIDT, W. & F.-W. HENKEL (1989): Pantherchamäleons. *Chamaeleo (Furcifer) pardalis* im Terrarium. – DATZ, 42(5): 280–282.

SCHMIDT, W. & K. TAMM (1988a): *Furcifer pardalis* (Cuvier). – Sauria, Suppl. 10(1): 101–104

- (1988b): Nachtrag zu Bemerkungen über das Pantherchamäleon. – herpetofauna, Weinstadt, 10(52): 11.

SCHMIDT, W., K. TAMM & E. WALLIKEWITZ (1996): Chamäleons – Drachen unserer Zeit (2. Aufl.). – Natur und Tier - Verlag, Münster, 160 S.

SCHUSTER, D. & M. SCHUSTER (2000): Das Chamäleon in der afrikanischen Mythologie. – DRACO: 1(1): 68–76

STADELMANN, T. (2002): Madagaskar, das Priori Buch.– http://www.priori.ch/das buch (Stand: 24.09.03)

STEGEMANN, T. (2000a): Vom Farbenspiel der Chamäleons. – DRACO, 1(1): 25–28

- (2000b): Die Zunge der Chamäleons. – DRACO, 1(1): 29–31

TOFOHR, O. (1908a): Ein Pantherchamäleon im Terrarium. – Lacerta, 11(10): 37–39.

- (1908b): Aus dem Leben eines Panther-Chamäleons.– Bl. Aquar. Terrar. Kunde 19: 453–456

VENCES, M. & F. GLAW (1996): Die Chamäleons der *Calumma-brevicornis*-Gruppe. – DATZ, 49(4): 240–245.

WARE, S.K. (2000): Ernährung und Ernährungsfehler. Atlas der Reptilienkrankheiten Bd. 2. – bede, Ruhmannsfelden: 277–314

WERNER, F. (1899): Ein neues Chamaeleon aus Madagascar (*Chamaeleon axillaris*). – Zool. Anz., 22: 183–184.

- (1902): Prodromus einer Monographie der Chamäleonten. – Zool. Jahrb.Syst., 15: 295–460.

- (1911): Chamaeleontidae. – Das Tierreich, Berlin, 27: 1–52.